Helmut Veil

Elektrisches Feuer 1746

Helmut Veil

Elektrisches Feuer 1746

Ein bizarrer Streit um Wissenschaft und Öffentlichkeit in Leipzig

Humanities Online

Bibliografische Information der Deutschen Nationalbibliothek
Die Deutsche Nationalbibliothek verzeichnet diese Publikation in der Deutschen Nationalbibliografie; detaillierte bibliografische Daten sind im Internet über http://dnb.ddb.de abrufbar.

Frankfurt am Main, Germany
www.humanities-online.de
info@humanities-online.de

ISBN 978-3-941743-77-9

Umschlaggestaltung: Uwe Adam
Titelbild: Johann Heinrich Winckler, *Die Stärke der electrischen Kraft des Wassers in gläsernen Gefäßen, welche durch den Musschenbroekischen Versuch bekannt geworden.* Leipzig 1746, Ausschnitt aus Tafel VIII

Printed in Germany

Dieses Buch ist auch als E-Book erhältlich:
www.humanities-online.de

Inhalt

Einführung in eine elektrisierte Welt 7

Die Beleidigungsakte Bose – Winckler. Landläufer und andere Wissenschaftler 13

Die Wahrnehmung der Zeitgenossen: nützliches Vergnügen oder Theater blöder Köpfe? 51

Die Elektrizität der Leidener Flasche: Leichtsinn und Erkenntnis . . 61

Orte des Geschehens: Leipzig mit Apels Garten, Wittenberg und Lauban 70

Adliges Publikum, Elektrisierer überall 77

Zwei Wege zur experimentellen Physik: Bemerkungen zu den Biographien der Kontrahenten 94

Schlusswort oder ein Ende des Leichtsinns 109

Anhang 113
Originaltexte 113
Anmerkungen 128
Der Autor 135

Einführung in eine elektrisierte Welt

Die Elektrizität hat um die Mitte des 18. Jahrhunderts fast von heute auf morgen alle anderen Fragen der Physik in den Hintergrund treten lassen und für einige Jahre die Öffentlichkeit in ihren Bann gezogen. Nie zuvor waren die gefährliche Kraft des elektrischen Feuers und seine bizarren Eigenschaften so eindrucksvoll demonstriert worden. Das haben die elektrisierten Menschen in theatralischen Inszenierungen am eigenen Leib zu spüren bekommen, und die Zuschauer waren von den funkensprühenden Lichteffekten fasziniert. Die experimentierenden Physiker standen im Rampenlicht einer Öffentlichkeit, die immer neue Spektakel verlangte, die von den phantasievollen Naturkundigen bereitwillig in Szene gesetzt wurden.

Leipzig wurde eher zufällig zum Konzentrationspunkt dieser frühen Elektrizitätsforschungen in Deutschland. Es genügten ein reisender Professor Hausen und ein lesender Professor Bose, um von Versuchen in London und in Paris Wind zu bekommen, sich Elektrisiermaschinen zu besorgen und durch Reibung Elektrizität zu erzeugen. Es wurden seit den ersten Versuchen in England und Frankreich alle Stoffe ausprobiert, deren man habhaft werden konnte, und ihre leitenden, isolierenden, abstoßenden und anziehenden Eigenschaften erkannt. Man klassifizierte, um den widersprüchlichen Erscheinungen eine Ordnung abzutrotzen, den Überblick zu behalten und Essentielles herauszukristallisieren, wie die später negativ genannte Harz- und die positive Glaselektriziät, die Charles du Fay 1733 entdeckte. John Lewis Heilbron hat alle diese frühen Versuche und konkurrierenden Theorien in *Electricity in the 17th and 18th Centuries* beschrieben, eine verwirrende Vielfalt, die auch das Durcheinander in den Vorstellungen über die Natur der Elektrizität lebendig werden lässt.

Über die wissenschaftliche Berechtigung öffentlicher Darbietungen gerieten zwei der rührigsten Experimentatoren, der Philosophie- und Altsprachenprofessor in Leipzig, Johann Heinrich Winckler, und der Physikprofessor in Wittenberg, Georg Matthias Bose, aneinander. Die Anfeindungen kulminierten 1747 in einer Klageschrift Wincklers an den Kurfürsten von Sachsen, in der er Boses bewusst beleidigende Verbalattacken anprangerte und Satisfaktion verlangte. Bose hatte Winckler, ohne dessen Namen zu nennen, in seiner Schrift *Tentamina electrica* (Elektrische Versuche) wegen der öffentlichen Darbietung von Experimenten in die Nähe eines Lumps und marktschreierischen Schaustellers gerückt und als inkompetenten Wissenschaftler an den Pranger gestellt.

Wo endet Wissenschaft und wo beginnt Scharlatanerie? Was ist bloßes Theater und was dient noch der Erkenntnis? Auch Bose war gefangen in diesem Schaueffekt zuckender Glieder, leuchtender Heiligenscheine und elektrischer Küsse. Seine Wittenberger provinzielle Öffentlichkeit war klein im Vergleich zu der Wincklers. Winckler inszenierte in großem Stil zu den Leipziger Messen und mit erwartungsvoller Unterstützung von Adel und Handelsherrn, auch vor dem gemeinen Mann in der Provinz von Niederschlesien, der er selber einmal war. Und sein wissenschaftlicher Ertrag war hoch, er schlug sich in drei großen, auf Deutsch geschriebenen Abhandlungen im Jahresrhythmus nieder: *Gedanken von den Eigenschaften, Wirkungen und Ursachen der Electricität* 1744; *Die Eigenschaften der Electrischen Materie und des Electrischen Feuers* 1745; *Die Stärke der electrischen Kraft des Wassers in gläsernen Gefäßen* 1746. Bose veröffentlichte auf Latein und Französisch, selten auf Deutsch.

An der administrativen Beilegung der ruppigen Auseinandersetzung beteiligt waren der Rektor und die Professoren der Universität Wittenberg und der Geheime Rat des Kurfürsten von Sachsen, Christian Gottlieb Graf von Holtzendorff. Die aus der deutschen Kurrentschrift und der Kanzleikursive transskribierten Schriftstücke der Beleidigungsakte Bose/Winckler dokumentieren die feudalen Strukturen, in denen die Professoren ihren Streit austragen mussten. Sie bietet in der höheren Auflösung einer Nahaufnahme das bewegte Bild einer Forschung, die nach dem übermütigen Intermezzo theatralischer Vorführungen mit dem ersten Kondensator, der Leidener Flasche, von heute auf morgen in ein gefährliches Fahrwasser geraten war und ihre kindliche Unschuld verloren hatte.

Die in der Akte archivierten Briefe des Astronomen Johann Gabriel Doppelmayr aus Nürnberg, des Professors für Mathematik und Philosophie Samuel Koenig aus Franequer in den Niederlanden und des ersten französischen Professors für Experimentalphysik, Abbé Jean-Antoine Nollet aus Paris an Bose weiten die Perspektive auf Holland, England und Frankreich. Sie zeigen, wie unsicher und dogmatisch die Wissenschaftler die elektrischen Phänomene betrachteten, wenn sie mit Versatzstücken des Newton'schen und Cartesianischen Systems theoretische Erklärungen versuchten. Bose fühlte sich durch den Konsens mit Nollet wissenschaftlich geadelt, und er versuchte sich als derjenige zu inszenieren, der in Deutschland der erste Experimentator war.

Wincklers Vorführungen in Apels Garten entfalteten ihre Wirkung weit über Leipzig hinaus, weil sich europäischer Adel eingefunden hatte. Das allein war Grund genug für ausführliche Berichte in der überregionalen Presse und fieberhaft steigende Erwartungen des Publikums. Apels Barockgarten war wie kaum ein anderer Ort ein in kunstvolle Natur verpacktes Zusammengehen reicher Kaufleute der Gold- und Silbermanufakturen und edler Textilien mit dem luxusverwöhnten Adel und dessen übersteigerten Ansprüchen nach außergewöhnlicher Unterhaltung. Die Verleger registrierten die neue Moden und auflageträchtigen Themen aufmerksam und publizierten schnell. Winckler war immer zu Messezeiten ein aktiver Demonstrator, während Bose, seit 1738 Professor im abgehängten Wittenberg, zusehen musste, wie ihm dieser den Rang ablief. Wincklers auf Deutsch geschriebene Abhandlungen fanden zahlreiche Leser, während Boses lateinisch geschriebene *Tentamina Electrica* schon zu seinen Lebzeiten einen viel geringeren Einfluss hatten. Auch seine französisch geschriebenen Untersuchungen über die Ursache und die wahre Theorie der Elektrizität (*Recherches sur la cause et sur la veritable Téorie* (sic) *de l'électricité*, 1745), eine Anbiederung an die *Royal Society* in London, konnten mit den Versuchsbeschreibungen und Handlungsanweisungen Wincklers nicht Schritt halten. Bose lieferte hauptsächlich Theorieversuche, präsentiert in Paragraphen. Er beherrschte neben Latein und Griechisch auch Englisch und Französisch souverän, er war von Privatlehrern in einem weltläufigen Kaufmannshaushalt geschult und bereits mit 17 Jahren Magister in Leipzig geworden. Winckler durchlief mit knappem Geld die öffentlichen Schulen und wurde dank Fleiß, Talent und wohlwollender Förderung zum Meister der klassischen Sprachen, Latein, Griechisch, Hebräisch, sogar Chaldäisch. Als ein frühes Mitglied der *Deutschen Gesellschaft* schrieb er seine Abhandlungen zur Elektrizität in schnörkellosem Deutsch, wenn er nicht gerade mit Ergebenheitsadressen und Unterwürfigkeitserklärungen seiner Vorreden beschäftigt war. Wincklers ausführliche Einleitungen seiner drei Bücher zur Elektrizität zählen nicht nur adlige Zuschauer auf, sie sind auch eine Darstellung des verblüffend weiten Beziehungsgeflechts, das sich zwischen den Elektrisierern bis in die tiefe Provinz gebildet hat und an dem auffallend viele Aufklärer jeden Standes und Theologen beteiligt waren.

Vor dem Hintergrund der großen Zahl von Experimentatoren, die alle von den ersten Versuchen Grays und Dufays profitierten, wirken die Bemühungen Boses um Anerkennung als Pionier wie das Spiel von Hase und Igel. In irgendeinem Winkel Europas war immer schon einer da, der eine Modifikation an den Apparaturen vorgenommen hat, die die Erzeugung der Reibungselektrizität erleichterte, oder sich mit Einzelheiten theoretischer Erwägungen bemerkbar machte, die alle irgendwie mit bekannten Großsystemen zu tun hatten und eine wirkliche Erklärung nicht liefern konnten. Die Neugier auf das elektrische Feuer, das eine bisher nicht gekannte Gewalt ausüben konnte, war unter den Naturkundigen oder denen, die sich aus Liebhaberei damit beschäftigten, deshalb so groß, weil ihre Effekte zu allem im Widerspruch zu stehen schienen, was bisher bekannt war, und doch in einzelnen Punkten mit Licht oder Feuer oder Anziehung und Abstoßung an den Polen der Magnete übereinstimmten.

Die elektrische Szene zwischen 1744 und 1747 bietet Elektrisiermaschinen, abenteuerliche Kabelkonstruktionen aus blauer Seide, Eisenketten, gedrechselte Stative aus Holz, gespannte Drähte und zuletzt die Leidener Flasche. Sie vermittelt den Eindruck einer zusammengestoppelten Werkstatt. Was wurde nicht alles gebastelt, um Elektrizität zu reiben, weiterzuleiten, Funken sprühende Entladungen und andere Lichterscheinungen zu erzeugen und mit ihnen Spiritus und alle möglichen Naturprodukte zu verbrennen, Schießpulver zu entzünden oder auch Kleingetier zu töten.

Ich werde mich mit denjenigen beschäftigen, die in der Auseinandersetzung von Bose und Winckler genannt werden, darunter die Vorführungen in Apels Garten mit der Leidener Flasche. Sie werden, so weit möglich, in Bildern vorgestellt.

Die Wissenschaftler konnten noch nicht messen. Sie hatten über Strom und Spannung nur die unscharfe Vorstellung eines Fluidums aus bewegter subtiler Materie. Sie registrierten Effekte wie Funken, Blitze, diffuses Licht, Verbrennungen und schmerzhafte Empfindungen. Da die Natur der Elektrizität unbekannt war, sind geschickt formulierte Hypothesen und ihre Überprüfung in Experimenten wichtige Kriterien für Wissenschaftlichkeit. Winckler beschrieb seine Experimente genau, ging klug und Schritt für Schritt an die Klärung begrenzter Fragestellungen und versuchte, ein Gesamtbild zu gewinnen. Bose landete ohne genaue Schilderung seiner Experimente sehr schnell bei der Einordnung in das vorherrschende System Nollets.

Bose und Winckler sind beim Kenntnisstand von Gray und Dufay und mit seither verbesserten Elektrisiermaschinen in ihre Experimente eingestiegen. Beide haben sie zunächst wiederholt, was Bose später Winckler zum Vorwurf machen sollte, und beide haben neue Phänomene entdeckt oder Gerätschaften zum Experimentieren verbessert. Stephen Gray hatte seit 1729 einige Leiter von Nichtleitern, Charles François de Cisternay Dufay 1733 eine Glaselektrizität von einer Harzelektrizität unterschieden. Dufay glaubte, beide Arten des elektrischen Fluidums seien in jedem Körper vorhanden und würden durch Reiben voneinander getrennt. Er erkannte, dass feuchte Körper die elektrische Leitungsfähigkeit deutlich erhöhen, während sich trockene Nichtleiter oder schlechte Leiter durch Reiben leicht elektrisieren lassen. Gute Leiter wie Metalle werden elektrisch, wenn sie isoliert stehen und man sich ihnen mit einem elektrisierten Körper nähert oder sie berührt, selbst dann, wenn man die Flamme eines Feuers dazwischen stellt. Völlige Verwirrung herrschte bei der Interpretation von Anziehung und Abstoßung von Papierschnipseln, von Goldblättchen oder Korkstückchen und anderer, an einem Seidenfaden aufgehängter Körper durch elektrisierte Medien, denn manche dieser Körper, die von einem vorher elektrisierten angezogen worden waren, wurden sofort wieder abgestoßen, während andere an ihm kleben blieben. Wie sollte man das alles unter einen Hut bringen?

Als Bose und Winckler Anfang 1747 aufeinander losgingen, hatte die Leidener Flasche gerade Furore gemacht, eine wassergefüllte Flasche, die Elektrizität speichern konnte. Sie wurde so genannt, weil Musschenbroeks Versuch mit einem Brief aus Leiden vom 20. Januar 1746 an Réaumur in die richtigen Hände geraten war und über die *Académie Royale* und Abbé Nollet umgehend in die bestehenden Korrespondentennetzwerke eingespeist wurde. Der Dechant des Dom Kapitels aus dem abgelegenen Cammin in Hinterpommern, Ewald Georg von Kleist, war mit seiner Flasche ins Hintertreffen geraten, wie auch einige Mitarbeiter des Leidener Physikprofessors Pieter van Musschenbroek. Dass so viele fast zur gleichen Zeit auf die Idee gekommen waren, einen Draht in eine wassergefüllte Flasche zu stecken und diesen Draht zu elektrisieren, ist bei der Vielzahl der alles Mögliche ausprobierenden Beteiligten beim aktuellsten Thema der experimentellen Physik nicht weiter verwunderlich. Glas war für sie von Beginn an durch das Reiben von Glasröhren und -kugeln vertraut. Neu war, dass in der Leidener Flasche Glas der Speicherung und nicht der Erzeugung von Elektrizität diente. Die Leidener Flasche machte Elektrizität transportabel und wegen ihrer Speicherkapazität sehr gefährlich. Sie spielte bei den Präsentationen Wincklers in Apels Garten vor auserlesenem Publikum die Hauptrolle und bescherte Winckler einmal mehr Boses Vorwurf eines Plagiators.

Wo steckte die Elektrizität in der Flasche? Winckler lokalisierte sie vor allem im Wasser. Aber bald war klar, dass die Flasche auch ohne Wasser funktionierte. Franklin schlug in einem genialen Einfall für die beiden Elektrizitäten wenig später plus und minus vor, aber er ging von falschen Annahmen aus: Für ihn war die Innenseite der Leidener Flasche plus und voll, die Außenseite minus und leer von Elektrizität. Tatsächlich ist der Pluspol leer von negativ geladenen Elektronen und der Minuspol voll davon.

Wie so oft in der Geschichte der Naturwissenschaften war es auch bei der Erforschung der Elektrizität ein Instrument, das der spekulativen Beliebigkeit Grenzen setzte und die Forschung konzentrierte. Erste Ergebnisse vertiefter Analysen durch die Arbeit mit der Flasche ließen nicht lange auf sich warten: die Parallelschaltung mehrerer Flaschen durch Winckler, ihre Anordnung zu einer Batterie durch Daniel Gralath und das Prinzip der Erhaltung der elektrischen Ladung in isolierten Systemen durch William Watson und Benjamin Franklin noch im Jahr der Erfindung der Leidener Flasche, Franklins Plus/Minus-Vorschlag ein Jahr, seine Batterie als Wechsel von Glas- und Bleiplatten zwei Jahre und sein Vorschlag eines Blitzableiters vier Jahre nach ihrer Einführung. Wir können heute ein unübersichtliches Bild der Forschung konzentrieren auf diesen revolutionären Umbruch, der mit der Leidener Flasche eingeleitet wurde.

Die Auseinandersetzung der beiden Professoren um die Grenzen von wissenschaftlicher Öffentlichkeit in der Zeit der frühen deutschen Aufklärung und der schlesischen Erbfolgekriege wirft ein Schlaglicht auf das Verhalten der Eliten in einer Ständegesellschaft, auf die gespreizte Sprache des kurfürstlichen Verwaltungsakts und die schnörkellose deutsche Sprache der Wissenschaft, auf die opulenten Kulissen für die theatralischen Vorführungen, die Herkunft des Publikums und auf die Förderer einer experimentellen Physik. Die Messestadt Leipzig war ein Glücksfall für ein Zusammentreffen vieler Faktoren, die die Aufmerksamkeit auf elektrische Darbietungen lenkten und ohne Zeitverzug in alle Winkel Europas verbreiteten. Und Winckler war der Glückspilz, der zur rechten Zeit am rechten Ort eine für ihn einmalige Gelegenheit beim Schopf gepackt hat.

Die Beleidigungsakte Bose – Winckler Landläufer und andere Wissenschaftler

Die Akte, die im Archiv der Martin-Luther-Universität Halle-Wittenberg aufbewahrt wird, besteht aus zwei Teilen: der Korrespondenz zwischen den Behörden mit Wincklers Beschwerde und Boses Stellungnahme und den zur Beweissicherung kopierten Briefen der drei Wissenschaftler an Bose, aus denen er Elemente für seine versteckten Angriffe entnommen hat.[1] Die gesamte Akte enthält also Dokumente über die Ansichten einer noch sehr unreifen Wissenschaft von der Elektrizität und über das Verfahren, das von der feudalen Staatsbürokratie Sachsens zur Sanktionierung der Beleidigungen Boses eingeleitet wurde.

Am Anfang stand Wincklers Eingabe an den Kurfürsten, Bose zur Unterlassung seiner Beleidigungen zu zwingen und ihn zu bestrafen. Sein Geheimer Rat Graf von Holtzendorff wandte sich an den Rektor der Universität Wittenberg, und dessen Kanzleivorsteher notierte den Auftrag, Bose vorzuladen. Bose lieferte seine Stellungnahme ab, und Rektor, Professoren und Magister machten untertänigst Rapport. Boses Einlassungen überzeugten den Grafen nicht. Er verdonnerte Bose im Namen des Kurfürsten, die Schmähungen zu unterlassen und fünf Gulden zu zahlen, exekutiert durch den Rektor der Universität Wittenberg. Dieser meldete Vollzug als »Allerunterthänigste gehorsamste und Pflichtgefühligste«. Das war der Ablauf. Ein Verwaltungsakt wie am Schnürchen mit einem kurfürstlichen Machtwort als Schlusspunkt.

In seinem Schreiben an den Kurfürsten bezieht sich Winckler ausschließlich auf Boses eben erschienene *Tentamina electrica* (Elektrische Versuche) von 1746. Dort hatte Bose seine Beleidigungen unter Verwendung von anonymisierten und zur weiteren Verschleierung zum Teil ins Englische übersetzte Textstellen aus einem Brief Abbé Nollets untergebracht und auch Meinungen von Johann Sigismund von Waitz (1698–1777) aus seiner Preisschrift der Berliner Akademie über die Natur der Elektrizität nicht als solche kenntlich gemacht. Boses systematisches Vorgehen, die Beleidigung Wincklers als Lump, Landläufer, Bettelpriester und Marktschreier im Ungefähren nicht genannter Autoren zu belassen, hat Winckler vollkommen durchschaut. Da Bose ihn als Adressaten der Beleidigungen nicht ausdrücklich benannt hat, wird aus seiner publizistischen Attacke ein versteckter Angriff aus dem Hinterhalt, der mit den üblichen Waffen eines offenen wissenschaftlichen Streits nicht mehr zu parieren ist.

Auf den ersten Blick sieht es so aus, als habe Winckler Bose beim Kurfürsten denunziert. Er hat aber nur den Dienstweg eingehalten, denn das noch auf den Sachsenspiegel rekurrierende Privatrecht unterlag der Gerichtsbarkeit des Landesherrn. Eine unabhängige Justiz steckte noch in den Kinderschuhen und hatte sich, wenn dieser es für notwendig hielt, dem Willen des Landesherrn zu unterwerfen. Ehrverletzungen wurden häufig untereinander geregelt oder schlimmstenfalls trotz Verbot im Duell ausgetragen. Die Leipziger Universität hatte längst ihre relative Selbstständigkeit verloren, die sie bei ihrer Gründung durch Prager Magister und Scholaren 1409 noch gehabt hatte. Der Kurfürst als Stiftungsvorstand des Fürstenkollegs war Schutzherr, er beeinflusste die Ernennung der zwölf Professoren, die aus Stiftungsgeldern bezahlt wurden, und es hatte sich eine Praxis etabliert, in der universitäre Privilegien und Ämter an eine solche Professur gebunden waren. Deshalb hat sich Winckler als frisches Mitglied des Fürstenkollegs an den Kurfürsten gewandt, der auch Durchgriffsmöglichkeiten zur Universität Wittenberg hatte, an der sein Kontrahent Bose Professor war.

Die Schreiben verströmen einen unvergleichlichen bürokratischen Charme in einer von Dialekt geprägten Tönung. Da Sprache immer einen Teilaspekt der Wirklichkeit beschreibt, in der die Menschen leben müssen, können diese Schriftsätze als eine Einübung in feudale Machtstrukturen am Beispiel eines eher untergeordneten Konflikts gelesen werden. In der überbordenden Fülle von Ergebenheitsadressen wirken die sachlichen Informationen wie angeklatscht an die ritualisierten Unterwerfungsgesten. Gekatzbuckelt und überhöht, keinen Widerspruch duldend im Befehl, präsentieren sich die behördlichen Schriftsätze in einer umständlichen Mixtur von deutsch mit lateinischen Einsprengseln, von denen selbstverständlich angenommen wird, dass der Empfänger sie versteht. Ich ließ sie stehen und habe sie übersetzt. Es ist ein Schriftverkehr, der in seiner ständischen Verkrampfung die feudalen Strukturen offenlegt, in der sich die Beteiligten wie in einer zweiten Haut bewegten. Deshalb werden sie hier im Original präsentiert.

Der Professorenstreit blieb im institutionellen Rahmen. Keiner der Beteiligten hat etwas an die Presse durchgestochen, das war Ehrensache. Und es wäre nicht ungefährlich gewesen. Hätten die *Leipziger Zeitungen* davon berichtet oder gar Partei ergriffen, wäre das als Einmischung in die Angelegenheiten des Kurfürsten gewertet und wie eine Majestätsbeleidigung behandelt worden. Seine Beschlüsse oder die seines Beamtenapparats diskutierte man nicht, man führte sie aus. Der Kurfürst machte die Politik, die Zeitungen durften berichten, was auf offener Bühne geschah. Hinter den Kulissen war für sie kein Platz. Ein investigativer Journalismus, der im Dunkeln fischt, um etwas ans Licht zu zerren, existierte nicht. Wincklers Vorführung in Apels Garten im Beisein des Kurfürsten fand selbstverständlich Eingang in die *Leipziger Zeitungen*, nicht aber die Kritik Boses am Spektakel. Man hätte sich über den teuren Pomp erregen können, man hätte die Gefährlichkeit der Versuche anprangern können wie die Zeitung des *Hamburgischen unpartheyischen Correspondenten* aus der Freien Stadt Hamburg zwei Jahre zuvor gegen Bose. Nichts dergleichen. Der Streit verschwand im Archiv, und weder Bose noch Winckler haben nachgetreten. Winckler hatte seine Genugtuung bekommen und Bose tat gut daran, seine Schmähungen zu unterlassen. Er hat nur in einem Brief an den Nachfolger Wolffs in Halle, Johann Joachim Lange, die Klage Wincklers erwähnt und sich über sie lustig gemacht.

Wer sich dem Genuss der sächsischen Kanzleisprache entziehen will, kann nach der Lektüre von Wincklers Klageschrift ohne Einbußen im Verständnis der inhaltlichen Auseinandersetzung um die Elektrizität und ihre öffentliche Präsentation mit den Briefen der Wissenschaftler fortfahren.

Das Schreiben Wincklers an den Kurfürsten vom 28. Januar 1747, eingegangen am 13.2.1747

»Allerdurchlauchtigster, Großmächtigster, König und Churfürst, Allergnädigster Herr Se. Königliche Mäjestät werden allergnädigst geruhen, daß ich mich erkühnen darf, allerhöchst deroselben Gerechtigkeit wider seine hier beigelegte Schrift, welche George Mathias Bose, Professor Physices in Wittenberg, anietzo durch den Druck bekannt gemacht, und *Tentamina Electrica tandem aliquando Hydraulicae Chymiae & Vegetabilibus utilia* (Elektrische Versuche irgendwann einmal zum Gebrauch in der Hydraulik, der Chemie und bei Pflanzen) betitelt, in aller Unterthänigkeit anzurufen. Obgleich der Professor Bose meinen Namen nicht genannt: so zeigen doch nicht allein die Sätze, welche er auf der dritten Seite seiner Praefation einigen Gedanken in meinen Schriften, entgegen gestellet; sondern auch die von ihm gemachten Anführungen gewißer besonderer Umstände, so ich bey den müssigen gröbischen Vorwürfe beobachtet, ganz deutlich, daß er bloß meine Person zum Gegenstand seiner gebrauchten

Anzüglichkeiten gehabt. Zu Ende seiner Praefation rechnet er mich unter die *vociferatores* (Schreihälse), deren *tentata silentio* zu involviren wären (deren Versuche zum Schweigen gebracht werden müssen), und schreibt, daß durch *pruritum lagenarum & catenarum quo exarserit magna pars nostrum, Stupenda haec phaenomena* beinahe zu vilesciren anfingen (ein Jucken beim schlechten Schreiben und durch Klammern er einen großen Teil von uns trocken gelegt hat, wodurch diese verblüffenden Erscheinungen ihren Anfang genommen haben, ihn beinahe zu entwerten). Er sagt in dem Anfange seiner Schrift ja, daß von der Electricität einige *lucubrationes* (Weibergeschwätz) bekannt wären, bei welchen man sich zu denken hätte, *quod gerrae auctorum non intelligant* (welche Possen der Autoren nicht wahrgenommen werden). Sodann fügt er die bedenklichen Worte hinzu, *eum indigito, qui sub ficto Simplicitatis habitu, omnia electricitatis mysteria tota se exhausisse luce meridiana clarius demonstrat* (ich bete denjenigen an, der unter der vorgespiegelten Haltung der Einfachheit, klar demonstriert, wie sich das ganze Mysterium der Elektrizität im mittäglichen Licht erschöpft). Meine Erzählung, daß mir die dortigen Vorläufer auch bey feuchtem Wetter und in einer großen Versammlung von statten gegangen, beschreibt er dergestalt, als wenn ich *totis buccis* (vollmundig) davon *deblaterirte* (plaudere) und schließt auch pag. XI. mit dem Urtheile: *vincenta prudentiam fortuna* (der glückliche Zufall schlägt die Vernunft). Nachdem er sich pag. XVIII über das elektrische Glockenspiel, u. pag. XIX über die bläulichen Schnüre bei dem Electrisiren aufgehalten: so geht seine Begünstigung pag. XXIV so weit, daß er mich meiner Reise wegen, da ich an Michael im vorigen Jahre die meinigen in Lauban besucht, ünter die *agyrtas* (entmannte Bettelpriester) gerechnet, die mit einer Maschine ihres Durchblicks im Lande herumzögen, und sagt: *Agyrtis vero, machinula sui Diatretarii provincias pervagantibus, veteres amicos invisentibus, circulatores imitantibus, his praestigiatoribus commentarios meos apocalypsin inbeo* (Ein wahrer Bettelpriester, der mit einem von ihm gedrechselten Maschinchen die Provinzen durchsteift, alte Freunde besucht, Marktschreier nachahmt, kurz ich bereichere meine Kommentare offenbar durch Gaukeleien). Meine im vorigen Jahr herausgegebene Schrift, worinnen ich die Stärke der elektrischen Kraft des Wassers in gläsernen Gefäßen zu erklären gesucht, nennt er auf pag. XLIV auf eine verklärenliche Art mit Namen, da er spricht: »*Et aliud quoddamm hominum genus, in solo imitandum occupatum, vel integros tractatulos de vi aquae in vasis vitreis conscribillat*« (Und eine gewisse andere menschliche Spezies, die sich einzig mit Nachahmung beschäftigt, oder überarbeitete Traktate über die Kraft des Wassers in gläsernen Gefäßen zusammenschreibt). »*Is, qui trisulca fulmina trudit, de suae electricitatis languore conqueritur- Vide quae supra hac respondi occasione*« (Er, der einen dreigezackten Blitz erzeugt, der über die Schwäche seiner Elektrizität den Sieg davontrug – Siehe, bei welcher Gelegenheit er hier antwortete). Gleich darauf nennt er mich abermals einen *Circulatoren* (Marktschreier) und sucht mich wegen des Versuchs, welche ich im vorigen Jahre in dem Flusse in dem Apelschen Garten angestellet, lächerlich zu machen, wenn er sich der Worte bedient: *Regionesque currit suis lagenis et carenis, stilis et filis, in undis profundis scintillas eliciendo. Ludo verborum quis abstinere valeret, de tam ludrico circulatore facturus verba?* (Und er durchläuft die Regionen nach seinen süßen Weinen und Ölkuchen, mit spitzen Gegenständen und Fäden, um in tiefen Wellen Funken hervorzulocken. Wäre es nicht angebracht, sich dem Spiel der Wörter zu enthalten als über so ein marktschreierisches Possenspiel Worte zu machen?). Da ich in meinen Schriften gesagt, daß sich die Flamme seines Lufts die Electricität mitteilen lasse, und sie darauf einen weiten Raum der Luft in einen auf Seide ruhenden Körper fortpflanze: So hat er pag. XLII und XLIII einen Brief in englischer Sprache, ohne Namen des Autoris, eingewürkt, in welchem zu Anfange meine Meynung entworfen, und am Ende das englische Schimpfwort *Rascal* (Lump) gebräucht wird. Im Anfange ist dieses der Inhalt des Briefes: »ich weiß nicht, wie der Mensch sich einbilden kann, die Flamme electrisch zu machen. Im Gegentheile weiß ich mit geometrischer Gewißheit, daß die Flamme absolut die Electricität an einer Röhre hindert, die an die Flamme in der Weite von etlichen Zollen gehalten wird. Aber dieses weiß ich, daß ein bißchen Papier, wann es angezündet wird, von einer electrischen Röhre nicht kann angezogen werden, sie mag auch noch so electrisch seyn – - – der Herr hat mir die besagte Abhandlung communiciret. Ich gestehe, daß ich mich sehr verwündert habe darinn. yy«. Am Ende sagen die zwei letzten Periodi folgendes: »können sie einen wirklichen und wahrhaften Nutzen in der Hydraulic und Chymie entdecken: so werden sie gewiß über alle ihre *vinaler* (auf Weinfesten Auftretenden) und *imitatorer* siegen. Und die gelehrte Welt wird ihm noch mehr verbunden sein, wenn sie ein Mittel entdecken könnten, daß <u>ein nichtswürdiger rascal</u>, er mag wollen, oder nicht wollen, sein Verbrechen von selbst erkennen möchte«. Bey dergleichen mannigfaltigen ehrenrührigen Außwürkungen, womit der Professor Bose mich auf die empfindliche Art angegriffen, sehe ich mich dannach gemüßiget, Sn. Königliche Majestät allerunterthänigst anzuflehen, er wollen allerhöchst dieselben, nach dero

Höchst preiswürdigen Gerechtigkeit allergnädigst anbefohlen, daß des Professoris Bosens *injurienses* (beleidigendes) Beginnen bestrafet werde, und mein Name durch seine angeführte Schrift nicht weiter gekränket werden möge. In dem zuverlässigen Vertrauen, es werde mein Name in völlige Wahrheit gesetzet werden, beharre ich mit aller tiefster Devotion

Erw. Königlichen Majestät
Leipzig, den 28. Jan. 1747
allerunterthänigster allergehorsamster
Johann Heinrich Winkler, Graecae & Lat. Linguae Prof.

Winckler wehrte sich vor allem gegen Verbalbeleidigungen wie Lump, Marktschreier, Bettelpriester und Weibergeschwätz. Aber er sah auch nicht ein, weshalb er sich in seiner Arbeitsweise herabsetzen lassen sollte, um als Wissenschaftler gebrandmarkt zu werden, der sich dem Zufall überlässt, sich ausschließlich mit Nachahmungen beschäftigt und vollmundig die Flamme elektrisch machen will. Boses Polemik hatte wenig inhaltliche Substanz und hielt sich bewusst im Ungefähren, wie wir noch sehen werden. Um die von Winckler angesprochene Elektrizität der Flamme geht es auch im beigefügten Brief Nollets. Ich werde diese Auseinandersetzung, die ein Schlaglicht auf Boses Vorgehen in einer wissenschaftlichen Frage wirft, dort näher erläutern. Sie zeigt auch, wie rudimentäre Vorstellungen über die Natur der Elektrizität stramm vorgetragene theoretische Sicherheiten keineswegs ausschließen und dass zur Vernichtung des einmal ausgemachten Gegners die Unterschlagung von Experimenten und das Verdrehen von Aussagen gehörte.

Es reagierte nicht der Kurfürst, sondern einer seiner höchsten Beamten, Graf von Holtzendorff. Winckler bekam keine direkte Antwort. Graf von Holtzendorff wandte sich an den Rektor der Universität Wittenberg und nahm ihn in die Pflicht. Er sollte in seinem Auftrag Bose vorladen und sich die Originale der inkriminierten Briefe vorlegen lassen. Bereits zweieinhalb Wochen später meldete er Vollzug, und alle »Magistri und Doctores« hatten unterschrieben. Es wurden die Abschriften der Briefe in Auftrag gegeben und Bose zu einer schriftlichen Stellungnahme aufgefordert. Nachdem sie Graf von Holtzendorff zur Kenntnis genommen hatte, machte er kurzen Prozess. Bose hatte ihn nicht überzeugt, »die Exculpationes (Rechtfertigungen) nicht allerdings hinlänglich zu seyn befunden«, und er forderte den Rektor auf, Bose zukünftig solche garstigen und verleumderischen Sätze zu verbieten. Bose musste die Kosten des Verfahrens tragen (fünf Gulden). Ob Winckler ein Schreiben erhalten hat, ist nicht bekannt. Die Angelegenheit wurde per kurfürstlichem Erlass geregelt.

Das Schreiben von Christian Gottlieb Graf von Holtzendorff, Kurfürstlich sächsischer wirklicher Geheimer Rat, Konsistorialpräsident und Obersteuereinnehmer, an den Rektor der Universität Wittenberg vom 8. Februar 1747

Von Gottes Gnaden Friedrich August Koenig in Pohlen, Hertzog zu Sachsen-Jülich Cleve Berg Engern und Westphalen Churfürst

Würdiger Hochgelahrter lieber andächtiger und getreuer; Bey Uns beschweret sich der Professor Publicus zu Leipzig, Johann Heinrich Winckler, daß er von dem Professore Physicus Ordinario in Wittenberg George Matthias Bosen abermalen in Schrifften angegriffen worden, nebst daher beygefügten unterthänigsten Bitte inmaßen auch die Beylage mit mehren zu befinden.

Woraus Unsrer Begehren hiermit ihr wollet vermeltem Professorem Bosem vor mich befinden, und wie er die im beigebunden unter dem Titel: *Tentamina electrica aliquando hydraulicae Chymiae et vegetabilibus utilia* von ihm gefertigten Schrifft gebrauchten Anzüglichkeiten zu verantworten sich getraun, dießen (zur) Verantwortung vorladen, sich auch von ihm in orginalia & im Fol. 42. Seqv. inducirten Beweise vorlegen laßen, und wenn selbige ad acta gebracht worden, hierüber mir einen gehorsamsten Bericht des fördersamsten erstaten. Daran gemisicht unsere Meinung. Datum Dreßden am 8. Februarii anno 1747

CG Graf von Holtzendorff
praes. d. 27 Febr. 1747

Mit dem folgenden Schreiben antwortete der Rektor der Universität Wittenberg. Es war der lutherisch-orthodoxe Theologieprofessor Johann Samuel Weickmann (1712–1774), der die Schreiben im Wintersemester 1746/47 zu erledigen hatte. Er unterschrieb den Brief an den Grafen von Holtzendorff mit »Allerunterthänigste gehorsamste und Pflichtgefühligste Rector, Magistri und Doctores der Universitaet allda«. Weickmann war einer von vier Professoren der Theologie an der Universität Wittenberg. Das Verfahrens beenden musste im Juni 1747 der Rektor, Juraprofessor und Beisitzer im Hofgericht Andreas Florens Rivinus (1701–1761), der in Utrecht promoviert hatte. Die Rektoren wechselten jedes Semester.

Das Schreiben des Rektors, der Magister und Doktoren der Universität Wittenberg an den Großmächtigen Kirchenrat (das ist Graf von Holtzendorff) in Sachen Johann Heinrich Wincklers, P. P. (Professor Physices) zu Leipzig gegen George Matthias Bosen, P. P. O. (Professor Publico Ordinario) allhier vom 25. Februar 1747 (mit neun Kürzeln der Unterschreibenden)

C. C. (Brief mit Abschrift)
Ew. Königl. Majth. und ChurFürstliche Durchl: Haben, als bey deroselben den Professor Publ. zu Leipzig, Johann Heinrich Winckler, daß er von dem Professore Physices ordinario allhier, George Matthias Bosen abermahle in Schrifften angegriffen worden, sich beschweret und fol. 1. mitkommender Acten sub W. allergnädigst anbefohlen:

Daß wir vermelten Professorem, Bosen, vor uns bescheiden, und wie er in die in beygesanden, unter dem Titul: *Tentamina electrica tandem aliquando hydraulicae Chymiae, et vegetabilibus utilia*: von ihm gefertigten Schrifft gebrauchten Anzüglichkeiten genannt worden sich getraut, deßen Verantwortung anfordern, und auch von ihm die orginalia derer fol. 29 b. Actor. inducirten Briefe vorlegen laßen und, warum selbige ad Acta gebracht worden, hierüber zusamen alleruntertHänigsten Bericht erstatten sollen.

Diesen höchsten Befehle zur allergehoramsten Folge, ist der Inhalt deßelben dem hiesigen Professori Physices, George Matthias Bosen, zuvorkommen gegeben und von ihm nachher die fol. 33 befindliche Schrifft zu seiner Verantworttung und Defension überreicht worden. So viel aber die orginalia derer im obangezeigten Scripto pag. 42 Seqv. vom fol. 29. Autor. inducirten Briefe anlanget, so hat er bloß den fol. 49. Seqv. befindlichen französischen Brief in orginali produciret und dabey versicheret, daß er sonst keinen Brief besitze, als diesen in seinem Scripto nur stückweise angeführet, auch einen Theil deßelben und die Abschrifft, damit der Auctor nicht Prof. Wincklers Unwillen und Haße exponiret wäre, in die Englische Sprache übersetzet. Wie nun Professor Bose fol. 33 b und fol. 34 b zugleich angeführet ihn dafür alleruntertHänigst zu verbitten, damit ihm der Brieff fol. 49. Seqv. künftighin in orginali zurückgegeben und davon uns vindicirte abschrifft ad Acta gebracht werden, welches wir, sonder aller ungeziemenden Maaßgebung, hiermit mit tiefster Devotion

bewerkstelligen; also werden dann, nach Ew: Königl: Majth: hierauf insoweit zu resolviren und uns anzubefehlen allergnädigst geruhen werden, wir allergehorsamste Folge zu leisten nicht ermangeln, die sie in devotester Erfurcht verfassen
Corr: cc

Allerunterthänigste gehorsamste und Pflichtgefühligste
Rector, Magistri und Doctores der Universitaet allda
Wittenberg am 25. Febr: 1747.

Da Bose sich in der durch Graf von Holtzendorff erzwungenen Erklärung manchmal Zeile für Zeile auf Textstellen seiner inkriminierten *Tentamina electrica* von 1746 bezieht, die nur unvollständig durch wenige Worte kenntlich gemacht werden, ist sie nicht leicht zu lesen. Ich werde sie auszugsweise zitieren und erläutern. Boses Erklärung ist vollständig im Anhang nachzuprüfen. Bose teilt in den *Tentamina* auf Latein derb und deftig aus mit Grobheiten, die sich heute streitende Professoren nicht einmal in ihren gehässigsten Träumen erlauben würden.

Boses Stellungnahme (ohne Datum)

Bose kommt gleich zur Sache: »Herr Professor Winckler gesteht selbst, daß ich ihn niemals genannt habe. er wird also zu beweisen haben, daß ich ihn irgendwo gemeynet. Im Ernst, kan ein jederman hingehen, etwas aus einer Schrifft auf sich ziehen, und deren auctorem verklagen: Ob mich nun schon ein gantz *memorial* ungemein befremdet, ich will dennoch ohne eintzige Weitläuffigkeit auf alle Puncte antworten«.

In seiner Replik benennt er auf verwirrende Weise Textstellen, die gar nicht von ihm stammen, sondern aus der Berliner Preisschrift von Waitz über die Ursachen der Elektrizität und später aus dem Brief Nollets. Die Hinweise markieren mit wenigen Worten oder mit einem einzigen Wort nur Satzanfänge- und enden, so dass eine Nachprüfung für den Grafen von Holtzendorff äußerst mühsam geworden wäre. Der kryptische Hinweis endet regelmäßig mit »dieß habe gemeynet« oder mit dem Zusatz »nicht Prof. Wincklern«. Ein Beispiel:

»In dem Schreiben an die Koenigliche Academie der Wissenschaften zu Berlin, die Untersuchung von der Electricitat, u. den von ihr bestimmten

Preis betreffend zweymahl oeffentl. gedruckt worden steht pag. 5, gleich nach dem Satze: diese der Herren Johnston – bis – nicht hin die Formen«. Dieß habe gemeynet«.

Dahinter steckt eine Strategie der Verwirrung, die aus einer Beleidigung ein Sammelsurium von sinnentleerten unvollständigen Zitaten anderer macht, die Bose nicht zu verantworten hat. Oder Bose war nur »ein bloßer Übersetzer« oder Empörter, der »himmelfest weiß, daß ich dabey nicht an den H. prof: gedacht«. Oder er ist überrascht, dass etwas überhaupt als Beleidigung gewertet worden ist, z.B. »*totis buccis deblaterare.* mit vollem Munde gewesen. ist das eine injurie?«, oder »*vincente prudentiam fortuna* (der glückliche Zufall überzeugt den Verstand). Es gibt ja mehr Leute, die noch eben das glauben«. Ein besonders hinterhältiges Vorgehen ist Boses Versuch, Winckler als einen armen Tropf hinzustellen, der Beleidigungen, die angeblich nicht ihm gegolten haben, auf sich bezieht, z.B.:

»*Argytis vero (wahrer Bettelmönch) etc:* mir thut in der Seelen leyd, daß sich von prof: mit Gewalt unter die agyrtas rechnen will. Schon vor ein paar Jahren schrieb mir prof: Doppelmayer, daß er einen Landstreicher, so mit einer electrischen machina im Franken Land herumgezogen, den Stadt magistrat hinaus schaffen laßen. U. H. Prof: Koenig aus Franken meldet: Ich muss Ihnen sagen, dass zwei aus Deutschland gekommene Drechselerjungen eine unglaubliche Menge Geld eingesammelt haben, in Amsterdam, Rotterdam und in Den Haag, indem sie die Elektrizität mit einem Globus von 4 bis 5 Zoll gezeigt haben, ich glaube, dass sie mehr als zehn tausend Florins verdient haben (aus dem Franz. übersetzt).

Dieß garçons tourneurs (machina diatretarii) habe gemeynet, beyde Brieffe noch im Original bey mir. Will was von H. prof: mit Gewalt auf sich ziehen, ich kan ja wohl in Ewigkeit nichts dafür. Sonst laße ich die gantze, ja selbst die partheyische Welt mittheilen, ob dieß garçons tourneurs auf den H. prof: geht«.

Ein zentraler Vorwurf Boses, der Winckler treffen soll, ist der eines Plagiators. Bose benutzt die Stellungnahme, um noch mal ausdrücklich darauf hinzuweisen, dass er vor Winckler über Elektrizität geschrieben und Winckler den Musschenbroek'schen Versuch nicht erfunden habe:

»*pag: XIV. hominum genus in solo imitando occupatum* (eine Spezies Mensch, die alleine mit Nachahmung beschäftigt ist).

H. prof. Winckler hat nach mir von den Electricitaet zu schreiben angefangen, daß zeigt das datum seines Buches unwidersprechlich. U. ich bin in meinem Gewißen überführet, daß der H. prof: immer ihm (ihm) viel nachthut. Musschenbroeks experiment hat er nicht erfunden. Hier ist er alßo gantz gewiß in solo imitando occupatus (alleine mit Nachahmung beschäftigt). U. der unvergleichl. geschickte Verfasser der bibliothéque raisonnée, wer er auch sey, schreibet tome 34, partie première pag: 20 von H. prof: Wincklers Buche sehr deutlich: *Cet ouvrage est posterieur aux trois mémoires de Bose* (Dieses Werk kommt nach drei Abhandlungen von Bose)«.

Interessant ist, dass Bose den Vorwurf der Nachahmung nicht zurücknimmt und ihn ganz offen auf Winckler bezieht. Er hat sich damit zu weit aus der Deckung gewagt, die ihm mit einem angeblich anonymen Zitat aus einem Brief, das er zur Vertuschung sogar ins Englische übersetzte, keinen Schutz mehr bieten konnte:

»Ich gestehe, daß dieße Brieff in frantzosischer Sprache an mich geschrieben worden. Weilen deßen auctor aber darinnen den H. prof: Winckler refutiret (widerlegt), ich hielt es vor unverantwortl. einen so wackren Manne, vor seine aufrichtige Schreibart, ohne, wie nunmehro am Tage liegeth des Hn. prof: Unwillen zuzuziehen. U. aus dießer Absicht, u. wahrlicht ! alß aus einer sehr loeblichen, habe einsts fünf der Brieffe ins englische übersetzt, damit ja niemand deswegen Verdruß haben könne. U. erwogen habe Erw. Hoch würdigen Magnificents auch nun, vom Aller gnädigsten allerunterthaenigsten Folge, den Theil des Brieffs communiciret, so Hn. prof: Winklern, um wo moegl. deßen auctorem zu menagiren [F] (vorsorglich zu behandeln). Doch bin ich schuldig auf Befehl ihn gantz zu prononciren. Besser jedoch zugleich, sehe, ihn nicht ad acta zu hefften, oder doch mich aller hoechsten Ortes zu vorbitten, daß mein Original wieder zurück erhalten.

Endllich den rascal (Lump) belangend, ich kan, ohne im allgemeindßten anzüglich zu seyn, nichts andres thun, als von Hrn. prof: bitten, daß er sich jemand so zugleich verstehet die letzten 2 in dießer Sprache geschriebenen §§, pag: XLIII erklaeren laße, u. so dergestalt ein gantze Welt urtheilen, ob der rascal nur einiger maßen, auf den Hrn. prof: gehen koenne. Könne schreibe ich.

[F]welchen H. prof: Wincklern durch mich kennen lernen, auch von mir seine Bücher erhalten«.

Zu guter Letzt versucht Bose den Spieß herumzudrehen und Winckler der Beleidigung anzuklagen:

»ich schmeichle mir Erw: Magnificentz werden die geäußerten Zumuthigungen des Hrn. prof: Selbst einzusehen belieben, dieße meine Antwort den unterthänigsten Brieff im Original beyzulegen belieben, u. mich Aller Hoechsten Orts zu vorbitten belieben, daß des Hr. prof: Wincklers injurieuses Beginnen wider mich bestrafet werde, u. mein Name durch seine eingegebene Klage nicht weiter gekraenket werden möge. Es ist ja in der That zu verwundern, da der H. prof: mich unstreitig imitisch seine data von Schrifften am Tage liegen, die Auslaender es vorkommen, ich ihn nach seinem eignen Geständnis niemahlen genenneth von seinen angeführten passages, eine eintzige auf ihn gehet, in welcher gar nichts verfaengliches enthalten, er doch mich bestraffet wissen will. U. da mein *pars secunda Tentaminum* bey auswaertigen, ja denen großen Academien, so ihn wohl aufgenommen worden, die mich auch ohne exaggeration an hydraulischen, hydrostatischen, chymischen, u. botanischen experimenten, zum allerwenigsten 100 rh (Gulden) gekostet, so soll ich der passages wegen, so auf jene Drechsler Jungen (garçons tourneurs) zielet, um H: prof. Wincklers halben bestraffet werden. Daß werden die Gelehrten gar nicht mehr dissentiren dürffen (damit dürften die Gelehrten nicht übereinstimmen).

ich ersterbe mit der allervollkommensten Hochachtung

Erw: Hochwürdigen Magnificentz
ganz gehorsamßter Diener
Bose

Stellungnahme des Grafen von Holtzendorff an den Rektor der Universität Wittenberg vom 19. März 1747

Von Gottes Gnaden Friedrich August König von Pohlen. Herzog zu Sachsen – Jülich Cleve Berg Engern und Westphalen. ChurFürst.

Würdiger, Hochgelahrter, lieber andächtiger und getreuer; Wir haben uns aus einem sub dato den 25. Febr. A. C. erstatteten Berichte genügend vortragen lassen, mit Umfang, wegen derer von dem Professore Publico in Leipzig, Johann Heinrich Wincklern, wider den Professorem Physices ordinarium in Wittenberg, George Matthias Bosen, einiger in einer gewissen Schrifft von ihm gebrauchten und auf Supplicantam (öffentliche Demütigung) zielenden Anzüglichkeiten halber, geführter Beschwerde, vom 8. besagten Monathes ergangenen Beschl ihn expeciret (hoffen lässt), zwinge, dessen Professor Casu (Fall) diesfalls sich zu exculpiren (rechtfertigen) bemühet, und was ihn dafuer dieserhalben sinnen zu Unseren Resolution gestellet. Nachdem wir aber besagten Professoris Bosens vorgebens, die Exculpationes (Rechtfertigungen) nicht allerdings hinlänglich zu seyn befunden; sein Begehren hiermit, ihr wollet denselben mit Zurückgebung des famos gemeinen fol. 19. Seq. in orginale befindlichen Berichtes als auch deren übrigen nach der Zeit allhier eingereichten sub A. B. et C. hierbey zurückfolgenden, davon in zusonderst Abschrifft ad Acta zu bringen, nochmahls verlangen, hinkünftig in seinen Schrifften mehrerer Behutsamkeit zu gebaren sei, und sich dergestalt zu begnügen, damit nicht er die andern verleumdeten und garstikten Saetze einige Anzüglichkeiten daraus annehmen müßten. Davon gemisicht Unser Meinung. Datum Dreßden, am 19. Martyi 1747

Zensit (zahlungspflichtig) nebst Remission denen Acten an 1. Fasc.um prog (programma = schriftlich bekannt gemacht) 28 May 1747

Mit dem folgenden Schreiben des Rektors, der Magister und Doktoren an Bose ist der Fall abgeschlossen. Sie hatten einen Kollegen zurechtzuweisen und mit einer Geldstrafe zu belegen. Es wird viele Diskussionen im Kollegium gegeben haben, Schriftliches ist meines Wissens dazu nicht überliefert. Hatte Bose Freunde an der Universität, oder herrschte vielleicht klammheimliche Freude über diese doch harsche Zurechtweisung von allerhöchster Stelle?

Schreiben des Rektors, der Magister und D.D. (Doctores) in Wittenberg an Bose am 1. Juni 1747

U.f.S.z.
Zu Hn. (Händen) Prof. Bose
5 gln. (Gulden) Stpfl. (Steuerpflichtig)
zgst. (zugestellt) prae regia resol. (nach königlichem Beschluß)

Wohledler, Großachtbarer und Hochgelahrter Herr Professor und Collega,

Was Ihre Königl. Majth.in Sachsen und Churfürstl. Durchl., unsern allergnädigster Herr, auf unsern ab Dato den 25. Februar a. c. in Sachen deßelben, Bosen an einen ./. Herrn Johann Heinrich Wincklers, Klägern andern theils erstattenen Berichte allergnädigst rescribiret (befohlen hat), solches weiset die Beifüge mit mehren. Solchemnach wird diese höchste Resolution dem Herrn Professori in vim gouvernati (mit dem Zwang der Durchführung) Krafft dieser zugeferttiget und deshalb vigore rescripti Regii (nach erlassenem königlichen Edikt) nochmals verwiesen, und hinkünftig in seinen Schriften mehrerer Behutsamkeit zu gebrauchen, und sich dergestalt zu bezwingen, damit nicht wieder anderer wohlverdienter und geschickter Ernste einige Anzüglichkeiten daraus anscheinen mögen. Und wie übrigens die Liquidation der in dieser Sache veranlaßeten Exegesen und des Verlags beygefüget ist, was, welche der Herr Professor an unseren Proto – Notarium zu bezahlen sich gefallen laßen wird: also sind wir demselben freundlich zu willfahren geneigt.

Wittenberg am 1. Junii 1747
Rector, Magistri und D. D. der Universitaet allda

Die Briefe der drei Wissenschaftler

Die der Akte zur Beweissicherung von inkriminierten Textstellen beigefügten Briefe an Bose von Johann Gabriel Doppelmayr (1677–1750) aus Nürnberg, Johann Samuel Koenig (1712–1757) aus Franeker in den Niederlanden und Abbé Jean-Antoine Nollet (1700–1770) aus Paris sind von großem wissenschaftlichen Interesse, weil sie die Zeit rund um das Bekanntwerden der Leidener Flasche abdecken. Doppelmayr schrieb seinen Brief zwei Tage, nachdem Musschenbroek in Leiden Réaumur in Paris in Kenntnis gesetzt hatte und er vom Leidener Experiment noch nichts wissen konnte, Nollet und Koenig nach eigenen Versuchen nur wenige Monate danach. Diese Zäsur ist den Briefen sehr deutlich anzumerken. Doppelmayrs Hauptproblem war noch, den Geheimniskrämer Bose zur Preisgabe seines Wissens über eine angeblich phlogistische Natur der Elektrizität zu bewegen, während Koenig sich bereits mit der Interpretation des Leidener Experiments herumschlug und nirgendwo eine stichhaltige Erklärung finden konnte, und Nollet sich nach schrecklichen Erfahrungen über die gefährlichen Wirkungen der Elektrizität aus der

Flasche in wolkigen Ankündigungen der Bestätigung aller seiner Ideen über die elektrische Materie verlor.

In den Briefen gibt es nur wenige Andeutungen bei Doppelmayr und Koenig über die Auswirkungen des Zweiten Schlesischen Krieges, die Leipzig und seine Universität durch Reparationszahlungen und Wittenberg massiv betroffen haben. Winckler musste sich nach der Übergabe Leipzigs an die Preußen unter dem alten Dessauer am 30. November 1745 der Einquartierung von Soldaten erwehren, und Leipzig war von den Preußen durch die Forderung von 2 Millionen Thalern in bar oder in Wechseln unter Stellung von Geiseln am Rand des Ruins. Der Einfall der Franzosen in die Österreichischen Niederlande 1746, bei dem ihnen auch Antwerpen in die Hände fiel, spielt in den Briefen von Samuel Koenig aus den Niederlanden und Abbé Nollet aus Paris an Bose keine Rolle. Koenig bedauert wenigstens Bose, dem die Preußen anscheinend Edelsteine weggenommen hatten. Die Fähigkeit der Beteiligten, sich auf ihre wissenschaftlichen Interessen zu konzentrieren, sich allenfalls über postalische Mängel zu beklagen und die Belastungen des sonstigen Lebens weitgehend auszublenden, war ein internationales Phänomen. Die Professoren bewegten sich in einer eigenen Welt, in der politische Grenzen keine, theologische allenfalls am Rande und dann als Karrierehindernis eine Rolle spielten. Wenn sie Krieg führten, dann auf ihrem ureigenen Forschungsfeld und mit Waffen aus dem Arsenal der Worte, mit Rufmord, Denunziation und Bildung gleichgesinnter Cliquen – so wie Bose gegen Winckler.

Die wissenschaftlich relevanten Teile der französischen Briefe Koenigs und Nollets habe ich übersetzt. Die transkribierten vollständigen Originale sind im Anhang und eine kurze Erläuterung zur Ordnung der Briefe in der Akte in den Anmerkungen zu finden.[2]

Der Brief von Johann Gabriel Doppelmayr vom 22. Januar 1746

Abbildung 1: Johann Gabriel Doppelmayr Kupferstich und Radierung. Frontispiz zu: Ernst Friedrich Justin Heimreich, Fränckische Acta erudita et curiosa: die Geschichte d. Gelehrten in Francken ..., Zeitschrift, 1.1726-24.1732, Nürnberg, Sechste Sammlung 1727. Universitätsbibliothek Leipzig, Porträtstichsammlung, Inventar-Nr. 12/94

Der Kaufmannssohn Johann Gabriel Doppelmayr (1677–1750) war Professor für Mathematik und Astronomie in Nürnberg. Seine stark von Dialekt gefärbte Sprache, seine Orthographie und Grammatik sind gewöhnungsbedürftig. Deshalb eine kurze Einführung zum Verständnis:

Doppelmayr teilt ihm mit, er habe Boses *Recherches sur la cause et sur la veritable Téorie (sic) de l'électricité* (Untersuchungen über die Ursache und die wahre Theorie der Elektrizität) vor einigen Tagen gelesen und verweist insbesondere auf einen Punkt auf S. 47, § 7. Dort geht es um »die Körper, wenn aus den Poris die electrische Materie heraus getrieben wird, die äusseren Materien wieder erlangen, wodurch der Abgang erfasst wird, und dieses immer fort. Über das Wort *Aigrette* (Büschel) habe ich eben in denselben Grund disputiret...«. Die verquaste Sprache verdeckt, was Doppelmayr sagen will: dass sich die elektrische Materie nach Boses Auffassung von einem Punkt aus »in Büscheln« ausbreitet. Was er auch nicht verstehen will, ist folgender Satz: *La matiere inflammable, un certain soufre, un principe phlogistique est plus riche dans la main etc.* (Die nicht brennbare Materie, ein gewisser Schwefel, ein phlogistisches Prinzip ist reicher in der Hand etc.). Er weiß nicht, wie dieser Sulphur heißt und bittet Bose um seinen Namen, »weil ich kein Hausianer bin«. Hausen hatte die Elektrizitätsbegeisterung in Leipzig und weit darüber hinaus ausgelöst. Er, Doppelmayr, wolle den Namen des Schwefels, weil es für Bose anscheinend ein *Arcanum* (Geheimnis) ist, auch Niemandem weitersagen. Von einem Kaufmann, der von der Leipziger Messe zurückgekehrt ist, habe er Boses Schreiben erhalten. Er möchte wissen, wie man das Schießpulver mit einem elektrischen Finger oder besser mit einem Eisen anzünden soll. Im vorigen Jahr habe er einen »curiosus« in Hamburg bei Dr. Lossau gesehen, der fein geriebenenes und auf einem Ofen heiß gemachtes Schießpulver angezündet habe. Der Arzt Carl Ernst August Lossau (1726–1781) war ein sehr aktiver Freimaurer der Loge Minerva in Hamburg. Als er 1761 seine Bibliothek versteigerte, wurden viele von der Hamburgischen Stadtbibliothek erworben und wegen ihres antichristlichen Inhalts in der Abteilung *libri prohibiti* versenkt[3].

Und die *Dissertationes de l'Electricite* von Samuel Klingenstierna (1698–1765), Mathematikprofessor in Uppsala und Wolffianer, habe er über den Hofrat von Heimenthal erhalten. Heinrich, Ernst, Franz Justus, Edler von Heimenthal (1701–1760) war Resident und Hofrat des Königs von Schweden und des Landgrafen von Hessen. Er war auf dem fränkischen Kreistag in Schweinfurt 1744 anwesend, wo er deren Interessen bezüglich Henneberg-Schmalkalden zu vertreten hatte, und bei der Abfassung des Briefes an Bose im Oktober 1746 in Nürnberg. Über ihn hatte Doppelmayr schon sein »Tractätlein von der Elektrizität« an Samuel Klingenstierna übersenden lassen, und nun ergäbe sich erneut die Möglichkeit, ihm zu schreiben. Er wolle ihn an Bose und an sich selbst erinnern, und vor allem wegen »des Sulfuris, als einer sehr inflammablen Materie und eines principii phlogistici«. Das phlogistische Prinzip Georg Ernst Stahls beherrschte die Chemie des 18. Jahrhunderts zur Erklärung der Verbrennung. Das von ihm postulierte Phlogiston wurde nie nachgewiesen und Ende des Jahrhunderts von Lavoisier durch Wärmestoff und Sauerstoff ersetzt.

Doppelmayrs Anrede lässt tief blicken. Bose ist zu allererst ein »Hoch-Edelgebohrener«, also nicht irgendwer wie Winckler, der Mühlenpächtersohn, sondern einer aus dem wohlbekannten Handelsgeschlecht der Boses.

Nürnberg den 22 Jan.
A. C. 1746

HochEdelgebohrener und Hochgelahrter Herr,
Hochehrender Herr Professor,
werthester Gönner

Ich habe allbereit in dem alten Jahre einen auf die Messe nach Leipzig reisenden Freunde, ein von E. HochEhrengebl. wichtig zu beforderendes Schreiben mit gegeben, darinnen ich die damalige unglückliche Conjuncturen, die dero liebes Vatter hand betroffen, zuförderst sehr bedauert, nun aber moege mir zum erstenmahl in diesem neuen Jahr mit desto größerer Freude, daß sich so schnell eine so unvermuthete glückliche Veränderung ereignet, maßengen von Hertzen gratulier und wünsche, daß in diesem Jahr nebst unzehlichen folgenden alles auf das beglückteste ausschlagen möge. Ich habe vor einigen Tagen die *Recherches sur l'Electricité* von Anfang bis zum Ende mit den größten *Plaisir* (Vergnügen) durchgelesen und daraus viel erlernet, da meine *Approbation* nicht hat *manquieren* können (sinngemäß: da meine Fähigkeit dafür reichte). Unter anderen finde einen Punct pag. 47. § 7. den ich meinem vorigen Schreiben mit (mit) mehreren Puncten (worbey die mühsame Antwort bedauer) habe einfließen lassen, allbereit beantwortet, wie nämlich die Cörper, wenn aus den Poris die electrische Materie heraus getrieben wird, die äusseren Materien wieder erlangen, wodurch der Abgang ersetzt wird, und dieses immer fort. Über das Wort *Aigrette* (Büschel) habe ich eben in derselben Grund disputiert, was solches bedeute, ich habe aber gefunden, daß es so viel sage, wie nemlich die Liecht Kadii der electrischen Materie aus einem Punct *divergendo*, die nun Pferd – Bürsten gleich, auseinander gehen, den größten Umstand habe pag. 34. § 22 angetroffen, daraus ich nicht kommen kan, wenn E HochEdelgebl. gemeldet: *La matiere inflammable, un certain soufre, un principe phlogistique et plus riche dans la main* etc. (Die nicht brennbare Materie, ein gewisser Schwefel, ein phlogistisches Prinzip ist reicher in der Hand etc.) und da ich nicht habe angeben können, wie dieses *Sulphur* heiße blieben E. HochEdelgebl. mir den Namen zuentdecken (worzu mir die gute Hoffnung mache, weil ich kein Hausianer bin) So wollte solches mit der größten Obligation (Verpflichtung) annehmen und als ein ehrlicher Mann versichern, daß ich dieses, wo es vor ein *Arcanum* (Wunder) passieren soll, niemand entdecken werde. Eben da ich weiter schreiben will, erhalte ich von meinem hiesigen Kauffmann, der von der Leipziger Messe gestern Abend hier angekommen, Erw. HochEdelgebl. Schreiben mit dem größten Vergnügen, habe aber dabey sehr bedauret, daß meine so viele beygebrachte Fragen E HochEdelgebl. so viele Bemühung gemacht, ich werde hinfort so viele nicht mehr noch einmahl beybringen. Vor die gütige *Communication* wie man das Schüßpulver anzünden möge, bin ich sehr verbunden, ich habe Hoffnung annoch von außenher zu erfahren, wie man das sehr subtil geriebene Schüßpulver, nachdem es zuvor auf dem Ofen sehr heiß gemacht worden, mit dem elctrisirten finger, oder noch besser mit einem Eisen anzünden soll. Ein curiosus hat in vorigen Jahr zu Hamburg bey Gh. Doctor Lossau gesehen, wie er dort Schießpulver gepülvert, das er von heißen Ofen weg genommen, angezündet, so bald ingosen stehen (sobald das Eingegossene ruhig stand), werde Apertur laßen thun (werde das mit einer Lichtblende machen). Von den electrisir – Maschinen hat der bemelde Gelährte von Consel (auf Anraten?) Erw. HochEdelgebl. Maschine, dem Effect nach von die beste gehalten, und denen Leipzigern vorgezogen von Experimenten aber wenig gemeldet, weil er wegen den ersterbenden Paß sich nicht lang bey mir hat aufhalten können. Die vier Berliner Piecen (Stücke) habe inzwischen nur cursorie durchgegangen werde aber auch solche noch genauer perlustriren (betrachten) und meine Gedanken darüber entdecken, was die *Auctores* von den Dingen letztens sagen, mögte wohl wissen, der Schlesische *Auctor* soll. A. Gund heissen, die übrige Buchstaben sollen seine *Station* andeuten: des Herrn Prof. Klingenstierna *Dissertationes de l'Electricite,* ungeachtet schon vor einem Jahr durch Herrn Heinrich von Heimenthal bey Übersendung meines Tractaetleins von der Electricitaet[4], darum habe bitten laßen, sind mir noch nicht zu Hörenden gekommen, dieser Herr von Heimenthal ist ein Hessischer Abgesandte, der hier bey dem Erweiß sich wegen Schmalkalten befindet, giebt es Gelegenheit wieder an Herrn S. Klingenstierna zu schreiben u bitte mich Ihre seine Gedächtniß bestens zuempfehlen, auch angestoßen mich E. HochEdelgebl. auf das fol. wegen des Sulphuris, als einer sehr imflammablen Materie und eines *principii phlogistici*, ich bezeige es sancte, daß, weil es ein *Arcanum* ist, ich solches vor mich allein behalten werde, und damit die Antwort umdesto sicherer an mich gelangen möge, dürffte es wohl erforderlich seyn, daß eine frembde Hand auch die Überschrifft des Briefes kennen möge, damit andrer nicht zulesen bekommen.

Erw. HochEdelgebohrenen
sehr = ergebenster Diener
JGDoppelmayer

P. S.
daß liederlich Leuthe
in ihren Gegenden eine
Befragung zu ihrem
Schaden bekommen ist
nicht zu approbiren (billigen),
Sed transeant heri pp (aber die pp – professores publici – gehen jüngst zum Feind über)

In dieser Bemerkung Doppelmayrs steckt einiger Sprengstoff. Anscheinend haben es die Preußen bei der Besetzung Wittenbergs im Zweiten Schlesischen Krieg verstanden, die Professoren auf ihre Seite zu ziehen und in den Befragungen von Boses Reichtum Wind bekommen. Im folgenden Brief Koenigs werden Konfiskationen durch die Preußen in Boses Haus angedeutet.

Brief von Samuel Koenig aus Franequer in Friesland vom 6. Oktober 1746

Abbildung 2:
Johann Samuel Koenig 1730–1740
Unbekannter Künstler. MacTutor History of Mathematics archive

Der in Büdingen als Sohn eines fürstlich ysenburgischen Inspektors geborene und in Bern aufgewachsene Johann Samuel Koenig (1712–1757) war bei Abfassung des Briefes Professor für Philosophie an der Universität Franeker in Friesland. Davor unterrichtete er als Privatlehrer die Marquise de Châtelet in Mathematik und in Leibniz'scher Philosophie. Emile de Châtelet lebte mit Voltaire in ihrem Schloss in Cirey-sur-Blaise in der Champagne und arbeitete an der Herausgabe der Werke Newtons. Koenig war korrespondierendes Mitglied der *Académie Royale*.

Nach einer seitenlangen Entschuldigung für die späte Antwort auf Boses Brief, berichtet Koenig, er habe aus England verschiedene Globen und große Flaschen aus grünem Glas zur Inspektion und Demonstration erhalten. Damit führte er der Prinzessin und dem Prinzen von Oranien elektrische Versuche vor.

»...Eines der seltsamste Phänomene war, dass die Kleidungsstücke aus Goldstoffen, oder aus Silberstoffen, wenn man sie mit der Spitze des Fingers berührt, nicht nur einige Funken dem Finger gegenüber sprühte, sondern auf der gesamten Oberfläche gleicher Punkte, begleitet von heftigen Stichen bei der Person, die das Kleidungsstück trug. Die Enden der Kleidungsstücke und die Haare wurden leuchtend, das spontane Feuer erschien überall: Aber was die Beatification (Seligsprechung, aber hier der elektrische Heiligenschein) betrifft, so wie sie sie beschreiben, untertänigster Diener: so sehr ich mich auch bemühte, sie ist mir nicht gelungen, auch nicht wie die Dinge nun einmal liegen in diesem Land hier, bis dahin, dass einige die Realität dieses Phänomens bezweifeln; was mich betrifft, so glaube ich an ihr starkes Wort, obwohl ich die Hoffnung aufgegeben habe, sie jemals zu sehen. Wie ich kaum etwas begreife, so wie andere nach Ihnen, nachdem ich das Glück hatte, dieses Experiment nachzumachen, gehört es unbestreitbar Ihnen, was auch immer Ihr Neider aus Leipzig davon sagen könnte.

In derselben Richtung hat das berühmte Experiment mit dem Glas Wasser das Licht der Welt erblickt, der Prinz wollte, dass man ein Glas mit Quecksilber elektrisiert, um zu sehen, ob es ebensolche lebhaften Funken sprüht, wie die Metalle, wie man es üblicherweise macht, indem man einen an eine elektrisierte Röhre angebrachten Eisenstab hineintaucht, so hat sich dieses Phänomen infolgedessen zuerst gezeigt, und nachdem er Herrn Musschenbroek gefragt hat, hat er andere Flüssigkeiten versucht, und daher ist man zu diesem einzigartigen Phänomen gelangt, für das der arme Doppelmayer teuer bezahlt haben muss: wie Sie darüber besser informiert sind als ich. Nachdem man hier mit diesem Globus gearbeitet hat, ist man zu den Tuben zurückgekehrt, mit denen man erfolgreich Weingeist anzündete, und verschiedene Dinge zu machen, die man vorher noch nicht machen konnte. Einer meiner Freunde mit Namen Allemand (richtig: Allamand), der in Leiden wohnt, hat verschiedene Experimente mit dem Tubus gemacht, und er hat seine Beobachtungen in einem Brief an Mr. Folkes, den Präsidenten der Akademie in London, oder königliche Sozietät, veröffentlicht, der im ersten Journal der Bibliotheque Britannique erschienen ist. Die Analogie zwischen einem elektrischen Tubus und einem Magneten scheint mir die interessanteste Beobachtung; dass der leere Teil des Tubus anzieht, während der andere, mit Sand gefüllte, abstößt. Ich selbst habe eine sehr komische Sache in dem elektrisierten Tubus bemerkt. »Nemlich daß die Electricitet in vollkommmenen Schraubengängen in der geriebenen röhre laufet« (Original deutsch). Sehr oft ist es mir gelungen, den Tubus wie eine perfekte Schraube erscheinen zu lassen. Das Licht, das sich regelmäßig in einer Spirale drehte, erzeugte in der Dunkelheit einen sehr einzigartigen Effekt: und wie die Ziegelscherben, die sich satteln (aufeinanderliegen), sich immer in Spiralen satteln, entsteht der Verdacht, dass dies die Richtung der Poren des Glases ist. Das ist der ganze Rest, das sind die Früchte der Beobachtungen des vergangenen Winters, seither habe ich das nicht mehr angerührt, verhindert durch Reisen im Sommer, und jetzt durch die Kollegen der Metaphysik und der Moral, die meine ganze Zeit in Anspruch nehmen. Das Schicksal von Doppelmayer macht mir auch Angst, ich möchte nicht der Betrogene meiner Neugier werden. Was England anbetrifft, habe ich keine Fragen über dieses Land an Sie, was ihre Neugier in dieser Hinsicht verdient. Alles das, was Sie gemacht haben, ist das, was wir seither hier gemacht haben, beschäftigt ihre Wissbegierigen bis jetzt; so weit es mir bekannt ist, haben sie darüber hinaus nichts bereichert, was nicht ausschließt, dass sie es im Lauf der Zeit machen werden. Monsieur Abbé Nollet arbeitet viel, aber ich habe kaum etwas darüber erfahren, dass er auf irgendwelche Phänomene von einiger Wichtigkeit gestoßen sei. Was den Fall dieses wunderbaren Phänomens angeht, erlauben Sie mir, mich auf dem Laufenden zu halten über das, was nicht geklärt ist (non liquet) und sich unbedingt meinem Urteil auszusetzen. Ich tadle nichts, was Sie über diesen Gegenstand geschrieben haben, ich finde darin Genie und Erfindung, aber ich erfahre nichts durch die eher konfusen Bemerkungen, wie klar und entwickelt sie auch sind; ich habe eine sehr starke Ahnung, dass dieser Fall ganz anders gelagert ist, als wir annehmen. Dass dies eine subtile Materie des elektrischen Körpers ist, scheint mir klar. Aber von welcher Art ist er? Um welches Gesetz, sei es eines der festen Körper oder der Flüssigkeiten, handelt es sich? Gehören die so großen Phänomene des

Universums überhaupt nicht dazu? Alle diese Fragen und ähnliche müssen nach meiner Meinung darauf Bezug nehmen (ad referendum). Indem ich darauf warte, stärke ich diejenigen, die dieses große Problem auf dem Weg der Hypothese anpacken, den Blick für neue, entscheidende Experimente öffnen; und die dadurch zeigen, was in unserer Macht steht und was nicht. Für mich, Monsieur, gestehe ich Ihnen, dass ich mich verliere in der Unsumme dieser Wunder, und ich befinde mich in derselben Situation, wie wenn man mich in das Land der Feen führte und mich nach einer physikalischen Erklärung für die Ereignisse fragte, die ich dort sähe. Mit einem Wort, ich höre dort nichts. Wenn Sie einige Fäden der Ariadne hätten, die sie mir zuwerfen würden, würde ich Ihnen zurufen, Herr erbarme dich meiner (domine misere mei): Wenn ich Ihnen irgendeinen Dienst in diesem Land erweisen kann, Monsieur, für Nachrichten oder andere Dinge, haben Sie bitte die Güte, sich meiner frei zu bedienen: es würde mir immer Freude machen, Sie bei jeder Gelegenheit zum Zeugen zu machen, mit großer Hochachtung und Wertschätzung, habe ich die Ehre

Monsieur
Ihr untertänigster und gehorsamster Diener zu sein
S. Koenig

Am Ende des Briefes hinzugefügt: »Ich muss Ihnen sagen, dass zwei aus Deutschland gekommene Drechselerjungen eine unglaubliche Menge Geld eingesammelt haben, in Amsterdam, Rotterdam und in Den Haag, indem sie die Elektrizität mit einem Globus von 4 bis 5 Zoll gezeigt haben, ich glaube, dass sie mehr als zehn tausend Florins verdient haben. Wenn Sie mit ihrem Apparat hiergewesen wären, hätten Sie sich zumindesten mit zwei Fußnoten (Worten) bereichern können. Der Wettstreit der Wissbegierigen war unglaublich, doch zur Zeit könnte irgendjemand damit Erfolg haben, die Beatifikation so zu zeigen, wie sie sie beschrieben haben und seine Geschäfte machen.

Ihre deutsche Abhandlung gefällt mir sehr: Haben Sie diese Sache seither weiter vorangetrieben. Ich habe sie vor langer Zeit gesehen, haben die preußischen Husaren Sie nicht um Abrechnung der Edelsteine von Wittenberg gebeten, deren Schätzung Sie ihnen angegeben haben? Ich habe daran mehr als einmal gedacht, seit die Preußen bei Ihnen eingedrungen sind. Sie haben daran nicht gedacht, sie haben es wahrhaftig vorhergesagt«.

Koenig spricht auf das Schicksal Doppelmayrs an, der während eines elektrischen Experiments einen Schlaganfall erlitten haben soll. Ob ein ursächlicher Zusammenhang zu vermuten ist, bleibt unklar, aber die damaligen Wissenschaftler buchten diesen Schlag unter ein immer gefährlicher werdendes Szenarium von Experimenten mit der Leidener Flasche, die wegen ihrer hohen elektrischen Kapazität zu einem unkalkulierbaren Risiko geworden war. Diese Befürchtung hat Koenig in seinem Brief deutlich ausgesprochen. Er erwähnt auch Jean Nicolas Sébastien Allamand (1713–1787), der in Leiden mit Musschenbroek zusammenarbeitete.

Hier finden wir die von Bose gebetsmühlenartig wiederholte Geschichte über die beiden Drechslerjungen, die in Holland ein Vermögen mit elektrischen Versuchen gemacht haben sollen. Sie war für Bose der Beweis, dass solche Dukaten sammelnden, umherstreifenden Schausteller der Wissenschaft einen Bärendienst erweisen, und für Winckler der sichere Eindruck, dass Bose ihn zu solchen Landläufern rechnet.

Was wir auch finden, sind sehr klar formulierte Zweifel an allen bisher geäußerten Vermutungen über den Ursprung der Elektrizität, eine kaum verhüllte Kritik an seinem Adressaten Bose. Er vermisst reflektierte Hypothesen, vermisst Aussagen über die Grenzen, die ihm die Phänomene setzen und möchte sich an den Spekulationen selbst nicht beteiligen. Er wolle diejenigen stärken, »die dieses große Problem auf dem Weg der Hypothese anpacken, den Blick für neue, entscheidende Experimente öffnen«. Der gegenwärtige Zustand der Wissenschaft ist für ihn eher eine »Unsumme von Wundern«, und er fühlt sich wie im »Land der Feen«, wo man ihn nach einer physikalischen Erklärung frage. Auch von Bose will er keine neuen Wunder erfahren, sondern nur noch solche Phänomene, mit denen Hypothesen angepackt und der Blick für neue Experimente geöffnet wird.

Koenig steuert im Brief interessante Beobachtungen bei: Der leere Teil eines elektrisierten Glastubus zieht an, der mit Sand gefüllte stößt ab. Er sieht darin eine Analogie zu den beiden Polen eines Magneten. Eine andere »sehr komische Sache« an einem elektrisierten Tubus war die Beobachtung einer Elektrolumineszenz: »Nemlich daß die Electricitet in vollkommmenen Schraubengängen in der geriebenen röhre laufet. Sehr oft ist es mir gelungen, den Tubus wie eine perfekte Schraube erscheinen zu lassen. Das Licht, das sich regelmäßig in einer Spirale drehte, erzeugte in der Dunkelheit einen sehr einzigartigen Effekt«. Koenig nimmt an, diese Spirale zeichne »die Richtung der Poren des Glases« nach.

Eine unrühmliche Rolle für Boses Glaubwürdigkeit als Wissenschaftler spielt sein Schaueffekt einer *Beatifikation*, die Erzeugung eines ihm angeblich geglückten elektrischen Heiligenscheins auf dem Kopf einer Versuchsperson. Wie viele andere hat ihn auch Samuel Koenig trotz aller Anstrengungen nicht zustande gebracht. Was Koenig noch nicht wusste: Bose hat die Wissenschaftsgemeinde europaweit zum Narren gehalten. Das konnte ihm der Londoner Arzt und Wissenschaftler, Fellow of the *Royal Society*, William Watson (1715–1787) nachweisen. Er musste 1750 feststellen, dass niemand die Beatifikation, wie sie Bose in seinen Schriften beschrieben hat, nachvollziehen konnte und sie auch keiner der zahlreichen Elektrisierer in Deutschland versucht hat. Bose hatte in seinem 3. Kommentar der *Tentamina electrica* von 1744 die Beschreibung seiner Versuchsanordnung auf verschiedene Stellen verteilt, flankiert von Zitaten antiker Autoren und gelegentlichen Referenzen an du Fay,[5] und Watson referierte die mühsam zusammengestellte Beschreibung in einem verzweifelten Brief an Bose, den er in den *Philosophical Transactions* von 1750 veröffentlichte.[6] Nach Bose, so Watson, stehe die Versuchsperson auf einem Kuchen aus isolierendem Pech und werde mit großen Globen einer Elektrisiermaschine elektrisiert. Nach und nach erhebe sich eine Flamme aus dem Pech, steige über die Knie und den Körper bis zum Kopf. Wenn dann weiter elektrisiert werde, sei der Kopf von einer Art Heiligenschein umgeben. Watsons Darstellung des Versuchs von Bose im Einzelnen:

»Er sagt, dass sich, wenn man mit großen Kugeln elektrisiert und den Mann auf einen großen Pechkuchen stellt, allmählich eine züngelnde Flamme aus dem Pech erhebt und sich selbst um seine Füße ausbreitet; von da an wird sie sich graduell bis zu seinen Knien, seinem Körper und schließlich bis zu seinem Kopf ausbreiten: daß dann, wenn mit dem Elektrisieren fortgefahren wird, der Kopf des Mannes von einem Glorienschein umgeben ist, so ähnlich wie einer, der von Malern für die Ausschmückung der Köpfe von Heiligen präsentiert wird: wenn in diesem Stadium der elektrisierte Mann von einem berührt wird, der es nicht ist, ist der von beiden gefühlte Schmerz sehr stark und reicht vom Finger bis zur Schulter und bleibt lange Zeit bestehen. Professor Bose sagt in einem anderen Teil seiner Schriften, dass ihm die Beatifikation tatsächlich nicht immer gelungen ist; dass manchmal, wenn andere Umstände sehr günstig waren, ein Mann von einer Sphäre in zwei Minuten geheiligt wurde; ein andermal würden es zwei oder drei Kugeln in unter 6 bis 8 Minuten schaffen; und sogar dann, wenn man sich fünf oder sechs Kugeln bediente, war kein Licht nach 20 Minuten zu sehen; dass unter den gleichen Bedingungen, unter denen eine Person geheiligt werden konnte, eine andere es nicht konnte. Dies ist eine kurze Zusammenfassung von Professor Boses Beatifikation, in der nichts weggelassen wurde, was wesentlich für die Handhabung ist« (Übersetzung H.V., Original in den Anmerkungen[7]).

Mit der Sphäre und den Kugeln meint Watson die in einer Elektrisiermaschine geriebenen Glaskugeln. In einigen dieser Maschinen kamen mehrere Kugeln gleichzeitig zum Einsatz, deren Stärke sich addierten.

Watson war am Heiligenschein als theatralischen Effekt eigentlich nicht interessiert. Dieses Experiment hätte seiner Meinung nach aber gezeigt, dass es möglich wäre, eine größere Menge Elektrizität nicht elektrischen Körpern mitzuteilen, als bisher angenommen worden war. Watson hat alle möglichen Variationen versucht, aber Boses Effekt nicht erreicht, außer ein bisschen Kribbeln und ein paar Lichtpunkten auf Haaren und Kleidern war nichts gewesen.

Watson musste bei Herrn Professor Bose nachfragen, um zu erfahren, ob er in seinen Veröffentlichungen nicht irgendein wichtiges Detail weggelassen habe. Boses Antwort zeigt, dass er die ganze internationale Riege von Wissenschaftlern, die sich ernsthaft mit Elektrizität beschäftigten, mit seiner Geheimnistuerei sechs lange Jahre im Unklaren gelassen hatte. Was fehlte, war nicht nur ein Detail, es fehlte das wichtigste Element seines Versuchs, eine stahlbewehrte Ritterrüstung in der dunklen Rüstkammer von Leipzig:

»Was meine Beatifikation anbetrifft, bin ich höchst verpflichtet, Ihnen darüber freimütig und aufrichtig zu schreiben; und ich werde Ihnen meinen ganzen Kniff ohne jede Zurückhaltung entdecken, obgleich ich denselben vor allen meinen Freunden und Korrespondenten verheimlichte. Nun, Sir, es ist wahr dass ich meine Beatifikation ein wenig durch meinen Stil und Ausdrucksweisen geschönt habe; aber es ist auch wahr, dass die Grundlage des Phänomens konstant ist. Ich fand in unserer Rüstkammer von Leipzig eine ganze Rüstung, die mit vielen Stahlplatten geschmückt war; einige waren spitz wie ein Nagel; andere in der Form eines Keils; andere pyramidenförmig. Im Dunkeln, das wissen sie sehr gut, werden nicht alle, aber sehr viele dieser Platten funkeln und glänzen mit Schwänzen wie von Kometen: und es ist klar, dass der Helm auf dem Kopf der elektrisierten Person, wenn die Elektrizität sehr kraftvoll ist, Strahlen aussenden wird wie die um den Kopf eines kanonisierten Heiligen; und das ist meine Beatifikation. Sie sind er erste, Sir, dem ich mein Geheimnis anvertraue, von welchem ich hoffe, dass Sie, wenn sie es der R. S. (*Royal Society)* mitteilen und es in den Phil. Trans. erscheint, darauf hinweisen, dass die Beatifikation nicht erfolgreich sein konnte, bevor ich Ihnen nicht meine Methode mitgeteilt habe. Viele haben sich von meinem Experiment etwas Extravagantes und Falsches vorgestellt. Wenn die Rüstung nicht mit Stahlplatten verziert ist, so glaube ich, dass es nicht gelingen wird. Wenn die Rüstung reich mit Stahlplatten geschmückt ist und gut poliert ist, erscheinen die Kometen doppelt, einmal in der Luft, und einmal durch die Reflexion an der Rüstung. Ein Latz mit Nägeln oder Nadeln, wird nur einen geringen Grad an Beatifikation erzeugen« (Übersetzung H.V. Original in den Anmerkungen[8]).

Kein Wort von einer gut polierten Rüstung aus Stahl und einem Helm auf dem Kopf der Versuchsperson in den gedruckten Veröffentlichungen. Bose hat sich nicht wie ein Wissenschaftler verhalten, der seine Methode offenlegt, damit sie wiederholt und kritisiert werden kann, sondern wie ein Schausteller, der darauf achten muss, dass sein Betriebsgeheimnis ein Geheimnis bleibt und ihm das Geschäft nicht verhagelt wird. Und er wollte sich seine großartige Bereitschaft, sein Geheimnis preiszugeben, durch einen ausdrücklichen Vermerk in den *Philosophical Transactions* auch noch vergolden lassen.

In London sprach man damals leicht naserümpfend von einer »Person«, die angeblich auf Anregung Boses die Beatifikation vorgeführt haben soll. Watson ging eher davon aus, dass diese Person vielleicht behaupten würde, den Längengrad gefunden oder die Quadratur des Kreises entdeckt zu haben. Er schien den Betreffenden für einen Spinner zu halten. Diese Person Watsons mit schaustellerischen Qualitäten muss Benjamin Rackstrow (1707?–1772) gewesen sein, aus dessen Buch ich die einzige Abbildung einer angeblichen Beatifikation entnommen habe. Sie wurde von Rackstrow nie so genannt, und sein Versuchsaufbau unterscheidet sich wesentlich von dem Boses in der Leipziger Rüstkammer (Abbildung 3). Der Schausteller und Handwerker Rackstrow verhielt sich im Gegensatz zu Bose wie ein Wissenschaftler, beschrieb Vorüberlegungen und Ziel des Experiments und legte es in allen Details einschließlich der Gefahren offen. Der Heiligenschein Boses war daran gemessen nur ein scheinheiliger Versuch, Aufmerksamkeit zu erregen. Ich bin mir nach seinem Brief an Watson nicht einmal sicher, ob er den Versuch in der Rüstkammer tatsächlich gemacht hat. Er schildert ihn wie ein Gedankenexperiment, und er hatte, wie er an Watson schrieb, im Gegensatz zu Rackstrows zahlreichem Publikum keine Zeugen.

Rackstrow war eine schillernde Figur. Er modellierte Persönlichkeiten und anatomische Präparate aus Wachs und stellte sie in seinem Museum in der Fleetstreet aus (Eintritt ein Shilling), verkaufte und polierte Glas, reparierte und reinigte Bilderrahmen und vieles mehr, ein geschickter Handwerker und umtriebiger Geschäftemacher.

Und er führte 35 Experimente zur Elektrizität in der Öffentlichkeit vor, Adlige und Wissenschaftler, selbst Mitglieder und Vorstand der *Royal Society* waren zu Gast. Er wurde gebeten, seine Darbietungen niederzuschreiben. Rackstrow fühlte sich für eine solche Aufgabe eigentlich fehl am Platz, wie die Kuh in der Fabel, sagte er, die aufgefordert wird, zu singen. Tatsächlich war er viel mehr als ein bloßer Schausteller, der auf billige Effekte setzte. Er hatte ein wissenschaftliches Programm und wollte beweisen, dass ein nicht elektrisierter Körper einen Großteil seines elektrischen Feuers aus der Luft erhält. Darüber bestehe keine einheitliche Auffassung, sondern es gebe zwei Arten von Gentlemen: Die einen meinten, die ganze Elektrizität käme aus dem Boden und aus der Luft überhaupt nichts, die anderen würden einem nicht elektrischen Körper keinerlei Fähigkeit zugestehen, Elektrizität abzugeben. Zwischen diesen Gentlemen wollte er Mediator sein, denn vielleicht liege die Wahrheit ja in der Mitte. Vor diesem Hintergrund machte er auch sein Experiment Nr. 33: In ihm wollte er das elektrische Feuer von den Partikeln trennen, die es hemmen. Von ihm kein Wort von Beatifikation, unter dem seine Abbildung in den einschlägigen Onlineauftritten firmiert, und kein einziger Hinweis auf Bose. Rackstrows Experiment lief ganz anders ab. Er erzeugte Lichterscheinungen im Vakuum eines kronenähnlichen Glasbehälters.

Was hatte dieser Versuch seiner Ansicht nach bewiesen? Für ihn war jetzt klar, dass Elektrizität sehr wohl durch nicht elektrische Körper fließen kann, denn sonst wäre sie nicht durch die luftleere Krone in die Versuchsperson weitergleitet worden. Gemessen an den dürftigen Beschreibungen, die Professor Bose von seinem Versuch der Beatifikation gegeben hat, sind die des Handwerkers Rackstrow so, dass jeder seinen Versuch, so er nach Schilderung des Risikos noch den Mut dazu hatte, nachmachen konnte.

Dieses Beispiel zeigt einmal mehr, wie unscharf die Grenzen zwischen Wissenschaft und Schaustellerei gewesen sind. Rackstrow inszenierte sein

Abbildung 3: Kupferstich aus: Benjamin Rackstrow, Miscellaneous Observations, together with a Collection of Experiments on Electricity. London 1748, S. 48
Rackstrow nahm einen Glasbehälter in Größe und Form einer Krone und befestigte oben einen Ring aus Messing mit einem kreuzförmigen Absperrhahn, an den eine Luftpumpe angeschlossen werden konnte und der auf dem Ausschnitt links oben im Bild zu erkennen ist. In den oberen Rand im Innern des Glases legte er ein rund geschnittenes Zinnblech, in das er Punkte eindrückte, die wie der mittlere Teil einer Wappenlilie aussahen. Er drehte das Blech um, denn diese vorstehenden Punkte sollten das elektrische Feuer auf den Boden des Glases übertragen, der aus einer Messingplatte bestand und als »Non-electric« fungierte und das Feuer von der elektrisierten Zinnplatte anziehen sollte. Dann schloss er die Glaskrone an eine Luftpumpe an, um so viel Luft wie möglich aus ihr zu entfernen, setzte der Person auf dem Stuhl die so präparierte Krone auf und hängte darüber eine auf und ab zu bewegende Metallplatte, die elektrisiert wurde. Wenn er die Platte sehr nahe an die Krone brachte, konnte er sehen, wie ein kontinuierlicher Strom elektrischen Feuers zwischen der Platte und der luftleeren Krone erschien und diese aufleuchtete, wie wenn sie mit elektrischem Feuer durch unzählige von oben nach unten in verschiedenen Formen schießende Strahlen angefüllt wäre. Zu Beginn war die Versuchsperson nicht elektrisiert, aber am Ende des Versuchs konnte jeder, der sie berührte, den elektrischen Schlag spüren. Mr. Rackstrow beendete dieses Experiment, nachdem die luftleere Krone explodiert war und ihn verletzt hatte.

Theater als öffentliches Experiment, Professor Bose seine Wissenschaft als wunderbare *magia naturalis occulta*, als versteckte natürliche Magie im barocken Dunkel einer Rüstkammer.

Brief von Abbé Nollet an Bose (wahrscheinlich vom 26. Juni 1746)

Abbildung 4: Abbé Jean-Antoine Nollet um 1753
Kupferstich von Jacques Firmin Beauvarlet nach einem Pastell von Maurice Quentin de La Tour. Bayerische Staatsgemäldesammlungen – Alte Pinakothek München

Wer sich um die Mitte des 18. Jahrhunderts mit physikalischen Experimenten beschäftigte, kam um Abbé Nollet nicht herum. Seine reich mit Kupferstichen bebilderten sechsbändige *Leçons de physique expérimentale* erschienen zwischen 1743 und 1764. Außerdem veröffentlichte er genau zu dem Zeitpunkt, um den es hier geht, zahllose Traktate zur Elektrizität.

Wie schon Doppelmayr und Koenig berichtet Nollet eingangs über die Schwierigkeiten, Briefe und Bücher an wissenschaftliche Kollegen weiterzuleiten. Hier hat er einen Emissär gefunden: Johann Daniel Schoepflin (1694–1771), der von 1746 bis 1751 in Paris weilte. Er war Professor für Geschichte in Straßburg, bekannt für sein genaues Aktenstudium und seine darauf basierende Geschichte des Elsass und weit vernetzt in Europas Gelehrtenwelt.

Der Teil des Briefes, den Bose aus dem Französischen ins Englische übersetzt hat, spielte bei der Auseinandersetzung um den Adressaten der Schmähungen eine wichtige Rolle. Bose hat in der Übersetzung konsequent alle Namen getilgt: Winckler, de Réaumur, Waitz, und dadurch den Eindruck erweckt, als würde sich Nollet an einem einzigen abarbeiten, und das wäre dann Winckler. Warum Bose in seiner Stellungnahme Waitz und Nollet nicht genannt hat, die ihn von einem Teil der Vorwürfe Wincklers entlastet hätten, und stattdessen zu der wiederholten und wenig glaubhaften Beteuerung Zuflucht suchte, er habe Winckler nicht gemeint, wird nur verständlich, wenn man davon ausgeht, dass Bose Winckler um jeden Preis schädigen wollte. Dazu war ihm jedes Mittel recht, die Eliminierung von Namen und eine nur zum Verwischen von

Spuren taugliche, ansonsten unnötige Übersetzung ins Englische von Teilen von Nollets Brief. Tatsächlich geht es in dem Brief Nollets über weite Strecken um die Auffassungen von Waitz und nicht um die Wincklers. Bose hat sie durch seine Doppelstrategie der Übersetzung und der Tilgung von Namen Winckler untergeschoben. Seine Schutzbehauptung, er wolle dadurch eine heftige Reaktion Wincklers gegen sein hochverehrtes wissenschaftliches Vorbild Nollet vermeiden, ist fadenscheinig. Was ist das für ein Verständnis von wissenschaftlicher Auseinandersetzung, in der nicht um eine Sache gestritten werden kann, die ein Wissenschaftler vertritt, weil man ihn nicht zu fassen kriegt? Bose wollte einer Auseinandersetzung um die Sache aus dem Weg gehen, Winckler durch Vorenthalten des Gegners entwaffnen und ihn durch eine nicht erkennbare, aber unübertreffliche Macht aus dem Hinterhalt als Taugenichts an den Pranger stellen und wissenschaftlich vernichten. Ein weiterer Brief von Nollet an Bose, den dieser sicher nicht ohne Hintergedanken auf Französisch 1745 in *Recherches sur la cause et sur la véritable téorie (sic) de l'électricité* (Untersuchungen über die Ursache und die wahre Theorie der Elektrizität) veröffentlicht hat, zeigt einmal mehr, wie stolz Bose über seinen Briefwechsel und die wissenschaftliche Übereinstimmung mit einem Wissenschaftler dieses Kalibers war.

Übersetzung der wissenschaftlich relevanten Teile des Briefes von Nollet (Abschrift von der Hand Boses). Der von Bose ins Englische übersetzte Teil kursiv, der gewählte Namensersatz in Klammern:

»… Ich komme nun zu den Artikeln Ihres letzten Briefes. Es ist nicht zu bezweifeln, dass das dünne Glas sich schneller elektrisiert als ein dickeres: aber es scheint mir regelmäßig so, dass dieses stärker Elektrizität aufnimmt und sie länger hält. Aber das ist eine Sache, die sehr wahr ist, na ja. Nach meiner Ansicht einzigartig ist, dass alle Globen, die ich hier aus unserem gewöhnlichen weißen Glas habe machen lassen, zuerst wenig elektrisch sind, aber es nach und nach werden, durch einige Wochen des Gebrauchs sind sie es im höchsten Grad. Ihr braunes Glas, aus dem man Weinflaschen macht, wird auch sehr elektrisch und elektrischer als jedes andere, das ich kenne, aber auch hier immer nach längerem Gebrauch. Der Geruch, den es von irgendetwas anderem verbreitet und spürbarer ist als der von den anderen Gläsern.

Ihr unwiderstehliches Experiment im Vakuum hat mich weniger als solches überrascht, als durch die Stärke des Effekts. Ich weiß im Allgemeinen, dass jeder ausgedehnte Dampf einen größeren Effekt aus großer Nähe erzeugt, als selbst Luft, und ich habe davon in meiner 10. Vorlesung, Band 3, S. 289 berichtet. Aber das, was Ihnen in dieser Hinsicht passiert ist, übersteigt alles, was ich dergleichen eintreten gesehen habe. Der Einwand, den sie darüber gemacht haben, dass die benachbarten Körper nach unserer gemeinsamen Auffassung viel stärker elektrisiert sein müssten, ist eigentlich keiner. Er ist im Gegenteil ein weiterer Beweis zu unseren Gunsten für unsere gemeinsame Auffassung. Denn geben Sie gut acht. Ihr *ignis foemina* (Frauenfeuer) wird niemals stärker und fühlbarer sein, als wenn man sich sehr nahe kommt, ein fester Körper und besonders ein beseelter Körper, oder ein metallischer aus einem Eisenstab, woraus es ausströmen muss. Die Lichtbüschel beleben sich sobald man ihnen irgendeinen nicht elektrisierten Körper nähert, der in der Lage ist, viel einströmende Materie zu liefern. Es ist wahr, dass die Nähe fester Körper diesen Effekt nur im Fall einer starken Elektrizität hat; aber beachten Sie, dass dieser Zustand, den wir Elektrizität nennen, von zwei gegenläufigen Strömungen abhängt. Wenn die beiden Ströme nicht annähernd die gleiche Stärke haben, benachteiligt einer den anderen. etc:

Ich weiß nicht wie Herr Winckler (that man) es schafft, die Flamme elektrisch zu machen, aber ich weiß, und daran ist nicht zu zweifeln, dass die Flamme die Elektrizität eines Tubus, den man ihr auf einige Zoll Entfernung präsentiert, zerstört; und dass ein Stück aufgehängtes Papier nicht mehr angezogen wird, sobald man es anzündet.

Monsieur de Reaumur hat mir die Abhandlung von Herrn Waitz geliehen (Mr.----hath me communicated that dissertation), von der ich den größten Teil habe übersetzen lassen. Ich gestehe Ihnen, dass ich sehr überrascht war, darin die Doktrin, von der Sie in Ihrem Brief gesprochen haben, zu finden, und besonders der Artikel über die leuchtenden Ausstrahlungen, von denen er annimmt, dass sie nicht von einem elektrisierten Körper stammen. Wenn irgendjemand mir, indem er mir einen Wasserstrahl zeigte, dass dieses Wasser, von dem du zu sehen glaubst, es käme aus einen Schlauch, der sich an der Oberfläche des Bassins befindet, sei im Gegenteil eine Flüssigkeit, die sich von oben nach unten stürzt, um in ihn einzutreten: ihm würde ich sagen, kommen Sie näher und beobachten Sie, dass man, obwohl dieses Wasser mit einer großen Geschwindigkeit ansteigt, dennoch sehr deutlich unterscheiden kann, dass die Teile eine von unten nach oben fortschreitende Bewegung haben. Aber wenn sie ihren Augen nicht trauen, bringen Sie ihre Hand dorthin, und der Stoß, den Sie empfinden, wird Ihnen sagen, dass dies die wahre Richtung ist. Kann man nicht ungefähr das Gleiche über die leuchtenden Ausströmungen sagen? Das was Herrn Waitz (the author) getäuscht hat ist, dass die Büschel sich in Wirklichkeit nur durch Schock einer anströmenden Materie entzünden, und dass diese anströmende Materie, die zu den elektrisierten Körpern geht, sich bei verschiedenen Gelegenheiten zeigt, besonders dann, wenn man die Elektrizität verstärkt. Elektrisieren Sie einen Menschen bei günstigem Wetter; lassen Sie ihn seinen Finger, den Zeigefinger zum Beispiel, die Handfläche eines anderen, nicht elektrischen Menschen präsentieren; dann macht der Finger des ersten einen schöneren und lebhaftigeren Büschel als man ihn mit der Spitze eines Schwerts machen könnte, was er nicht machen würde, wenn der andere ihm nicht die Hand ganz nah präsentieren würde. Weil diese nicht elektrisierte Hand mehr an anströmender Materie liefert als die Luft oder jeder andere Körper. Oder auch das, was sie liefert, hat eine größere Kraft, ohne ausgiebiger zu sein. Wenn der nicht elektrische Mensch anstatt seiner Hand ebenfalls das Ende eines Fingers präsentiert, dann wird die dorthin anströmende Materie, die von dort kommt, entweder indem sie mit größerer Geschwindigkeit oder ausgedehnter als die Handfläche austritt, einigermaßen oft unter der Form eines angezündeten Büschels erscheinen.

Wäre es möglich, dass Sie unter der großen Zahl von Experimenten, die Sie gemacht haben, niemals große Eisenstangen mit einem Gewicht von ungefähr 60 bis 80 Pfund elektrisiert haben? Machen Sie es, ich bitte Sie, und Sie werden sehen, wie Sie sehr viel mehr Elektrizität zu Ihrer Verfügung haben werden als mit den leichten Stangen, mit den Schwerten, etc., aber warten sie auf die Kälte und den Nordwind.

Sie kennen seit langem das Experiment von Leiden, auf das ein gewisser Herr Cuneus, ein wissensdurstiger Mensch, durch Zufall gestoßen ist und an dem die Msfrs. (Messieurs fellow of the *Royal Society*) Alamann und Musschenbroek aus derselben Stadt die ganze wissenschaftliche Welt teilhaben ließen. Dieses Experiment ist schrecklich, wenn die Leiterstange sehr groß ist und viel wiegt, wie 60 bis 80 Pfund. Als ich das Experiment auf diese Weise versuchte, gelang es mir, Vögel zu töten, und ich zweifle nicht daran, dass ich im nächsten Winter, oder sogar in diesem Herbst dazu kommen werde, Vierfüßler mit dem Blitz zu erschlagen. Meine bis zum Tod elektrisierten Vögel, wurden auf der Stelle geöffnet, und die kleinen Kadaver waren ganz mit Blut überzogen, sowohl innen als auch außen, und ein gewaltiger Bluterguss in der Brust. Das erinnert stark an menschliche Kadaver, die vom Blitz getroffen wurden. Ich brachte gleichzeitig mehrere Personen zu dem Leidener Experiment zusammen, indem ich sie aufforderte, sich an der Hand zu halten. Es genügte nun, dass der erste der Reihe das Gefäß hielt und der letzte den Funken zog. Die Erschütterung wurde von allen innerhalb eines Wimpernschlags gespürt. Ich habe dieses Experiment mit 200 Personen vor dem König gemacht. Wer beschreibt das Ende? Ich glaube, dass es auch mit zweitausend Personen gelingen wird.

Ist nichts besser geeignet zu beweisen, dass die elektrische Materie eine Flüssigkeit ist, sehr fein, sehr elastisch und überall verbreitet, innerhalb wie außerhalb der Körper? Und ist diese alles durchdringende Erschütterung nicht sehr analog zu der, die das Licht spürbar macht? Wenn Sie sehen lassen wollen, dass die beiden Materien (die der Elektrizität und die des Lichts, falls sie nicht beide dasselbe sind, wie ich glaube) wenn, sage ich, Sie sehen lassen wollen, wie wenig sie voneinander abweichen, dann wiederholen Sie das Experiment von Leiden mit zwei Menschen, die sich mit einem Hanfseil (botut, wahrscheinlich botun Hanf) halten, mit einem wassergefüllten Glastubus oder irgendeinem anderen durchsichtigen Körper, der weder fettig, noch schweflig ist; im Augenblick der Erschütterung werden Sie sehen, wie das Wasser des Tubus anfängt zu leuchten, bis zu einer gewissen Entfernung; und die Menschen scheinen es auch zu werden, davon bin ich überzeugt, wie wenn sie durchscheinend wären.

Dieses Experiment von Leiden hat mir Gelegenheit gegeben, sehr gut eigenartige Beobachtungen zu machen, die alle, oder fast alle die Ideen bestätigten, die ich über die Ursachen der Elektrizität habe...«
(Übersetzung H.V. Original im Anhang)

In einem Brief könne er das nicht ausführen. Nollet verweist auf eine Veröffentlichung, die in Vorbereitung sei. Es war der *Essai sur l'Electricité des Corps* von 1746, seine erste Buchveröffentlichung über Elektrizität, der noch eine ganze Reihe in wiederholten Auflagen folgen werden. Dort versucht er sich erst gar nicht an einer Erklärung der Wirkung der Leidener Flasche. Nollet ist so verblüfft über ihre Stärke, dass er an eine ganz andere Materie denkt und ihre Entdeckung in weiteren Experimenten erhofft. Er kann die Speicherung in der Flasche nicht in seine Theorie der anströmenden (affluent) und wegströmenden (effluent) strahlenförmigen subtilen Flüssigkeiten einordnen und war als Koryphäe in die Defensive geraten. Im Brief an Bose hatte er noch stolz behauptet, dass sich fast alle seiner Ideen durch die Experimente mit der Leidener Flasche bestätigt hätten.

Abbildung 5. Abbé Nollet, Essai sur l'Electricité des Corps. Paris 1746 . Kupferstich
Unten das Leidener Experiment, wie es Nollet nachgemacht hat, oben die Visualisierung seiner Theorie der Elektrizität: »Die elektrischen Körper senden aus allen Teilen eine flüssige Materie, die in Form von Büscheln entweicht und die eine Atmosphäre von gewisser Ausdehnung erzeugt. Diese ausströmende Materie, deren Strahlen divergieren (effluente), wird gleichzeitig von einer ähnlichen Materie ersetzt, die in konvergierenden Linien ankommt, die wir anströmend (affluente) genannt haben.« (S. 118, Übersetzung H.V.)

An einer Stelle im Brief Nollets wird das verschlagene Vorgehen von Bose gegen Winckler zu einem Frontalangriff gegen seine wissenschaftliche Qualifikation. Nollet antwortet Bose, der ihn offensichtlich mit Halbwahrheiten gefüttert hat: »Ich weiß nicht, wie der Mensch sich einbilden kann, die Flamme electrisch zu machen. Im Gegentheile weiß ich mit geometrischer Gewißheit, daß die Flamme absolut die Electricität an einer Röhre hindert«. Winckler hat nie behauptet, er wolle die Flamme elektrisch machen. Im Schreiben an den Kurfürsten hatte er davon gesprochen, dass sich der Luft der Flamme (»die Flamme seines Lufts«) die Elektrizität mitteilen lasse und sie sich über einen weiten Raum der Luft ausbreite und bis zu einem auf Seide ruhenden Körper fortpflanze. Was er damit meinte, ist am besten an einigen Versuchen zu sehen, die er in *Die Eigenschaften der Electrischen Materie und des Electrischen Feuers* von 1745 geschildert hat. Einer von ihnen steht gleich zu Beginn und ohne Kommentar:

»Ich habe zwey brennende Inseltlichter (Talglichter) auf einem eisernen Lineale ganz nahe an einander gesetzt. Wenn das Lineal electrisiret wurde: so ward der Raum zwischen beyden Flammen erweitert. Rührte ich mit der Hand an das Lineal: so rückten die Flammen wieder aneinander. Sobald ich die Hand weg nahm: so wurden die Flammen wieder getrennet.« (S. 3)

Winckler glaubte also, er habe Anziehung und Abstoßung gesehen, als er das Lineal elektrisierte und entlud. Es war einer der Versuche, mit denen er der Frage nachging, ob Feuer auch elektrisches Feuer enthält, mit dem vorläufigen Ergebnis, man könne nicht sicher sein, »daß die electrische Materie zu den eigentlichen Theilen des Feuers gehöre«. Es fehle an Versuchen, die zeigen, dass »das reine Feuer mit der electrischen Materie entweder verbunden sey, oder verbunden werden könne«. Das diskutiert er ausführlich ab Seite 141 am Beispiel eines elektrisierten glühenden Eisenstabes und seinen verblüffenden Fähigkeiten, Goldblättchen anzuziehen oder abzustoßen. Um herauszufinden, ob die offene Flamme elektrisch sei oder es werden könne, elektrisiert er einen Schlüssel und umkreist mit ihm die Flamme einer Flüssigkeit, die in einem Löffel brennt, und siehe da, die Flamme folgt dem Kreisen des Schlüssels. Enthält die Flamme etwa Materieteilchen, die sich elektrisieren lassen? Welche Kraft war für die Anziehung der Flamme durch den Schlüssel verantwortlich? Die von Winckler beobachteten Phänomene lassen sich seit Faraday 1837 durch elektromagnetische Induktion erklären: ein bewegter Leiter (Schlüssel) bzw. die Bewegung von Elektronen im Leiter (elektrisiertes Eisenlineal) erzeugen ein Magnetfeld.

Die sich annähernden und wieder voneinander entfernenden Talglichter unter Einwirkung von Elektrizität waren also ein diskussionswürdiges experimentelles Ergebnis, das man nicht mit der Bemerkung abtun konnte, Winckler wolle die Flamme elektrisch machen. Nollet wusste aus einem ganz anderen Versuch mit geometrischer, also unumstößlicher Gewissheit, dass eine durch eine Flamme erhitzte Röhre sich nicht elektrisieren lasse. Daran ist nur so viel wahr, als die elektrische Leitfähigkeit von Metallen mit zunehmender Temperatur abnimmt, aber nicht vollkommen verschwindet. Nollet hat jedoch keine Angaben über die Temperatur der erhitzten Röhre gemacht. Er unterstellte Winckler, dieser habe gemeint, dass die Flamme das Eisen elektrisiere. Aber Wincklers Versuche geben diese Interpretation nicht her. Er denunziert ihn, ohne seine Versuche in allen Einzelheiten zu kennen, die ihm Bose wahrscheinlich vorenthalten hat. Winckler wurde so zu einem Wissenschaftler degradiert, über dessen Ansichten man nur lachen konnte.

Dieser Streit zwischen Bose und Winckler war eine niederträchtige Episode der frühen Forschungen zur Elektrizität, und er wurde von einem kurfürstlichen Dekret beendet und verschwand im Archiv. Was blieb, waren die Probleme einer embryonalen experimentellen Physik an den Universitäten, die beide Professoren in unterschiedlichem Ausmaß betrafen, aber eine fundamentale Schwäche offen legten.

Nur in Ansätzen hatte sich eine experimentelle Physik an den Universitäten etabliert, wenn sich einige Professoren mit ihren Vorlieben engagierten. Das scholastische Erbe, Erkenntnisse aus der Deklination von Begriffen statt aus einer direkten Untersuchung der Materie zu gewinnen, war nicht leicht abzuschütteln. Eine empirische Physik benötigte mehr als die Bücher des Aristoteles und anderer klassischer Autoren, sie brauchte Gerätschaften, Räume und ein wohlwollendes Umfeld an den Universitäten. Das fehlte. Institutionelle Verkrustungen, Jahrhunderte alte Gewohnheiten und Interventionen von dogmatisch engstirnigen Theologen ließen wenig Spielraum, so dass die Universitäten in vielen Fällen den Bemühungen von Dilettanten aller Couleur hinterherhinkten. Elektrische Versuche in Deutschland waren von Anfang an keine universitäre Domäne. Wenn Bose meinte, er habe Winckler bei unprofessoralem Verhalten ertappt und könne ihn als vagabundierenden Schausteller diffamieren, kann man zu seinen Gunsten annehmen, er wollte die experimentelle Physik nur im universitären Rahmen gelten lassen und ihr zum Durchbruch verhelfen. Man kann aber keinesfalls annehmen, er wollte sich gegen die Erosion einer schon etablierten experimentellen Physik an den Universitäten zur Wehr setzen. Es gab sie nicht oder wie in Leipzig und Wittenberg nur als Steckenpferd von Professoren ganz unterschiedlicher Vorbildung. Winckler wurde erst 1750 und nach seinen aufsehenerregenden öffentlichen Versuchen und der Aufnahme in die *Royal Society* zum ordentlichen Professor für Physik ernannt.

Wincklers »Vagabundieren« zum Besuch seiner Heimat war für Bose nur ein willkommener Anlass zur Denunziation eines erfolgreicheren Konkurrenten: Bose der wahre Professor gegen Winckler, den Scharlatan auf öffentlichen Plätzen. Aber sie saßen beide im selben Boot und praktizierten beide ihr wissenschaftliches Steckenpferd mit der Energie gewiefter Theaterleute. Die wissenschaftliche Qualität ihrer Experimente hing nicht davon ab, in welcher Umgebung sie vorgeführt wurden. Ob Bose der erste in Deutschland und Schausteller nur in seinen Privaträumen war, ist von geringer Bedeutung, aber dass Winckler die treibende Kraft hinter exakt beschriebenen Experimenten war, das schon. Seine Bücher waren

Anleitungen zur Nachahmung. Jeder konnte seine Ergebnisse überprüfen. Bose versteckte wichtige Details an verschiedenen Stellen seiner *Tentamina* und behielt die wichtigsten für sich. Sie gehörten ihm und niemandem sonst, nirgends so gut zu erkennen wie an seiner Einlassung zur Beatifikation gegenüber Watson.

Im Hintergrund spielte die sich anbahnende Auseinandersetzung um die Interpretation der elektrischen Effekte der Leidener Flasche die Rolle eines Vernichters althergebrachter Denkmuster. Das zeigen in ersten Ansätzen die Briefe von Doppelmayr, Koenig und Nollet. Bose hatte sich auf die Theorie Nollets einer einzigen elektrischen Materie aus einer sehr subtilen Flüssigkeit festgelegt, die eine Atmosphäre um den elektrisierten Körper bilden und deren Zuströmen Attraktion, Wegströmen Abstoßung und bei Zusammenprall Funken verursacht. Winckler hatte eigentlich keine kohärente Theorie. Wie in seinem philosophischen Mix suchte er sich zur Erklärung der Phänomene die jeweils passenden Muster aus und rekurrierte ständig auf Versuche, die das beweisen sollten. Daraus resultierte eine gewisse Beliebigkeit der Erklärungen, die eher als Suchbewegungen in der verwirrenden Vielfalt der Erscheinungen, denn als konsistente Theorie zu bezeichnen sind. Er war Empiriker und Eklektiker, arbeitete sich an den elektrischen Funken ab, um wiederkehrende Zusammenhänge zu erkennen. Er war damit dem damaligen Zustand des Wissens näher als diejenigen, die wie Bose und Nollet eine angeblich gesicherte Meinung hatten. Samuel Koenig hat in seinem Brief diese unbefriedigende Lage angesprochen und rundweg alle gängigen Systeme verworfen. Er wollte von Bose nur noch einzelne Hypothesen hören, die sich experimentell überprüfen ließen. Auch Winckler war nicht frei von spekulativen Ideen. Wie Nollet sprach er von einer elektrischen Atmosphäre und von Poren, durch die die elektrische Materie in Büscheln herausgetrieben werde, die *aigrettes*, mit denen Doppelmayr und Koenig nichts anzufangen wussten. Bei Winckler wird die ausfließende elektrische Materie wieder angezogen, während die angezogene bei Nollet aus einer diffus in der Luft oder anderen Körpern verteilten Elektrizität stammt und in speziellen Bahnen zurückfließt. Mit beiden Theorien gab es unüberwindliche Probleme, die Speicherung in der Leidener Flasche und ihre Entladung zu erklären. Der theoretische Unterschied zwischen Bose und Nollet auf der einen und Winckler auf der anderen Seite war zu gering, um für ihre giftige Feindschaft einen hinreichenden Grund zu liefern.

Die Wahrnehmung der Zeitgenossen: nützliches Vergnügen oder Theater blöder Köpfe?

Es konnte ja nicht ausbleiben, dass auch Journalisten von den öffentlichen Vorführungen Wind bekamen und sich positionierten, nicht immer wohlwollend und nicht selten mit einer Kritik am öffentlichen Theater. Es sieht so aus, als hätten die Redakteure eine klarere Vorstellung über die Bedingungen einer sinnvollen experimentellen Physik gehabt als die Wissenschaftler, die sie betrieben. Einer der ersten war Barthold Joachim Zinck (1718–1775), der als Redakteur 1744 in der *Staats- und gelehrte Zeitung des Hamburgischen unpartheyischen Correspondenten* (153. Stück) Bose reichlich unflätig angegriffen und ernstzunehmende Kritik geäußert hat:

»Die Electricität unterhält seit einiger Zeit den edlen Fleiß der geschicktesten Naturforscher; nur Schade, daß bereits Leute von dieser merkwürdigen Eigenschaft der Körper an zu reden fangen, welche kaum das Wort Electricität aussprechen können. Allein so geht's! Die wenigsten Menschen wissen den Punct recht zu zeichnen, wo Verstand und Dummheit gemeiniglich zusammen stossen, und sie werden aus blosser Einfalt, wozu sie die Ordnung der Natur bestimmet hatte, lächerliche Nachäffer. Sie fühlen ein Leeres bey sich, und wollen daher die vernunftlose Einöde mit etwas anfüllen, welches Wunderbar ist. Wie viele sitzen anitzo wol bey der Luftpumpe, und pumpen, ohne zu wissen, warum sie pumpen, oder wandern mit einer Magister-Miene ihr Zimmer auf und ab, und reiben ein Stück Siegellack, oder Agt (schwarzer Bernstein H.V.) und Bernstein, in der Hoffnung, was Grosses zu entdecken, und den bestimmten Preiß von 50 Ducaten, welchen die Königl. Academie der Wissenschaften zu Berlin demjenigen bestimmet hat, der die wahren Ursachen der Electricität am besten erklären wird, davon zu tragen. Mögen diese Herren etwas anders fürnehmen, und diese Bemühung Männern überlassen, welche die Natur in ihren Gängen besser, als sie kennen! Die electrische Wirkung macht denen, die gut und stark denken, noch genug zu schaffen; blöde Köpfe werden sie daher gewiß nicht entdecken. Die Academien in England und Frankreich haben viele Mühe angewandt, ihre Ursachen zu bestimmen. Ihre Gedanken und ihre Aufsätze lieset man in *Philosophical Transactions*, und in der *Histoire de l'Academie Royales des Sciences*. Der

Herr du Fay, ein Mitglied der Französischen Academie, hat die gemachten Versuche gesammelt, und sie, nebst seinen eigenen, in der Historie der benannten Academie vom Jahr 1739 einrücken lassen. Deutschland ist bey dieser Wirkung der Natur auch nicht müßig geblieben, sondern hat ebenfalls zu electrisieren angefangen. Der Herr Doppelmeyer, und der zu früh verstorbene Prof. Hause (sic) in Leipzig, haben uns ihre gedruckten Schriften davon geliefert, und der Herr Prof. Bose in Wittenberg, hat uns bereits den zweyten *Commentarium de Electricitate*, doch nur in einer Einladungsschrift, aufgesetzet. Dieser letztere wurde durch des Herrn du Fay Versuche rege gemacht. Wir haben seine Schriften gelesen, aber nicht verstanden. Seine lateinische Schreibart ist besonders; nur so viel bemerken wir, daß der Herr Prof. Bose alles electrisiren wollen, was ihm nur vorgekommen ist. Sogar das Frauenzimmer hat herhalten müssen.

Er hat einer Schönen die electrische oder anziehende Kraft mitgetheilet, und ihr Reifrock von acht und einer halben Elle in der Weite hat an den Saum rings umher Feuer speyen müssen. Das heisse ich electrisirt! Der experimentirende Professor beschreibet diesen Versuch auf eine solche Art, daß ich mein Frauenzimmer, wenn ich eines hätte, zu seinen Electrisiren nicht gerne herleihen mögte. *Veneranda Venus, in pico, elctrificata, os humerosque deae similis, ut crebris micat ignibus aether. Accedo. Tango. Exuror. Quotquod aderamus , sibilante coruscatione correpiebamur. Ego furtivum fuaviolum (falsch: suaviolum) dulci dulcilis ambrosia ablaturus advolo, purpurea labia osculo veneror, sed & Venus & Mortalis incredibili explosione adurebamur. (es fehlt: nullum verbum convenentius) Ob nimium tamen nimili ignis sensum summamque rei curiositatem, secundum auferre permittitur, eximio, ita me Venus flammae semine dotatum. Posco tertium, vix adipiscor, ut pugione ambo laedebamur. Amplector pulcram & c.*

Die verehrungswürdige Venus, im Specht (wahrscheinlich der Destillierhelm Alambic, H.V.), elektrisiert, Knochen und Oberarm der Göttin gleich, wie durch dichtes Feuer der Äther zuckt. Ich nähere mich. Ich berühre. Ich verbrenne. So oft wir uns nähern, werden wir durch zischendes Zucken erschreckt. Ich fühle das flüchtige Küsschen, süßer als süßliche Götterspeise, heranfliegen, purpurne Lippen durch das Mündchen ehrfurchtsvoll bitten, aber sowohl ich als auch die Venus werden von einer unglaublich tödlichen Explosion getroffen. Wegen des gewaltigen Gefühls und zugleich gewaltigen Feuers, ließ ich es zu, den Höhepunkt und die zweite Neugier an der Sache, so mir die Venus durch den Samen des Feuers gegeben, auszulassen. Ich konnte der dritten kaum habhaft wer-

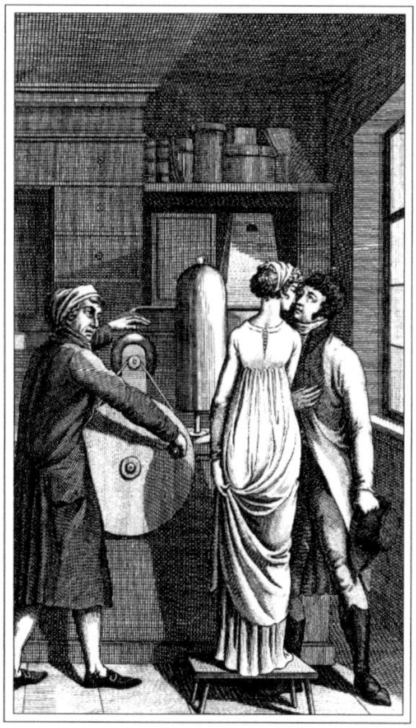

Abbildung 6: Radierung um 1800 von Joseph Bergler dem jüngeren (1753–1829) unter Anleitung des Prager Mathematik- und Physikprofessors Franz Joseph Gerstner (1756–1832). Deutsches Museum München

den, wie durch einen Dolch sind beide verletzt worden. Für eine vierte gab es absolut keinen Ort. Ich umfasste die Schöne und so weiter (Übersetzung H.V. Der lateinische Text stammt aus den *Tentamina electrica* von 1744, S. 69. Zwei Druckfehler im lateinischen Text der Zeitung wurden korrigiert: corriprebamur – correpiebamur und Pisco – Posco).

Im *Petrinio* oder einem andern ungläubigen Buche, würde diese Stelle ein wenig unkeusch und schlüpfrig klingen; allein hier lautet sie recht unschuldig und keusch. Der berühmte und redliche Prof. Winkler in Leipzig hat es in Untersuchung der electrischen Kraft sehr weit gebracht, und uns seine Versuche in der angezeigten Schrift ordentlich und deutlich, so weit, als man sich noch zur Zeit von dieser Sache einen deutlichen Begriff machen kann, geliefert.

(Wir wollen weiter von dem Inhalte derselben reden, weil uns heute die Staatssachen den Raum benehmen)«

Zinck hat recht. Es ist ein sehr sonderbares, extrem komprimiertes und daher schwer zu übersetzendes Latein, angereichert mit einem Zitat des Catull (*suaviolum dulci dulcius ambrosia*). Und es ist erotisch aufgeladen, deshalb Zincks Hinweis auf Petronius (27–66 n. Chr.), der für seine lockere Zunge im *Satyricon* und seine genüsslichen Lebensstil bekannt war. Auch der zitierte Catull hat im 1. Jahrhundert n. Chr. erotische Gedichte geschrieben, darunter zwei Kussgedichte. Das Zitat stammt aus seinem Carmen 99. Bose war 34, als er diese antikisierend schwülstige Experimentalprosa in den *Tentamina electrica* veröffentlichte, und durch intensive Beschäftigung mit den Klassikern anscheinend innerlich frei vom theologischen Parteiengezänk, dem er fünf Jahre später seinen Tribut zu zollen hatte.

Der Fall Zinck ist deshalb interessant, weil er zur Auseinandersetzung Bose–Winckler zwei Jahre später passt und der *Hamburgische unpartheyische Correspondent* eine der wichtigsten überregionalen Zeitungen aus einer Stadt war, in der die Zensur sehr lasch gehandhabt wurde. Auch die *Göttingische Zeitungen von Gelehrten Sachen* aus dem »Hanoverian England« berichten zeitnah von der küssenden Venus.[9] Der Ton ist zwar sachlicher, aber auch ein wenig süffisant. Bose habe auch eine »schöne güldne Uhr von Charlesson, die alle Viertelstunde repetiert, und ein silbern Gestelle, 4 Mark schwer, darauf man eine Suppenschüssel setzt« elektrisiert, was Bose selbst mitgeteilt hat.[10] Der Verfasser hat den Artikel in dem *Hamburgischen unpartheyische Correspondenten* gelesen und ergänzt, welchen üppigen Bücherschatz Bose habe, da er aus vielen lateinischen und griechischen Schriftstellern zitiert.

Im überheblichen Ton der Zeitungsredakteure steckt ein wahrer Kern: Alle Wissenschaftler, die mit elektrischen Erscheinungen experimentierten, waren sich der Gefahren nicht bewusst. Fasziniert von den dramatischen Effekten, setzten sie das Leben ihrer Probanden und ihr eigenes aufs Spiel, angefeuert von einem oft adligen und reich gewordenem Publikum, dem die Darbietungen nie weit genug gehen konnten. Zinck wandte sich aus zwei Gründen gegen die küssende Venus. Die erotisch aufgeladene Prosa berichtete nur vordergründig von einem Experiment, sie äußert Gefühle, die der Kuss auslöste und die nur aus Mangel eines geeigneten Ortes nicht ins Bett führten. Für Zinck war das schlüpfrig. Der zweite Grund war Leichtsinn. Er fühlte nicht nur die Gefahr der Verführung, sondern auch Gefahr für Leib und Leben, weshalb ein Ausleihen seiner Frau als elektrisierte Venus, wenn er denn eine gehabt hätte, für ihn nicht in Frage kam.

Es gab meines Wissens nur einen, der sich öffentlich gegen Zinck für Bose stark machte, allerdings anonym. Die noch im selben Jahr erschienene Schrift *Aufrichtige und unpartheyische Gedanken von der Electricität, worinnen der Herr Prof. Bose in Wittenberg gegen das so harte Urtheil des Hamb. unpartheyischen Corresond. im 153. Stück dieses Jahres vertheidiget wird* stammte aus der Feder von Friedrich Börner (1723–1761), der bei Bose in Wittenberg studierte. Er machte sich darüber lustig, dass Zinck kein Latein konnte, hat sich aber selbst um eine Übersetzung des schwierigen Textes gedrückt, denn die drei sinnentstellenden Druckfehler sind auch ihm nicht aufgefallen. Börner wurde womöglich durch sein mehrfaches Eintreten für Bose 1754 extraordinierter Professor an der Universität von Wittenberg.

Die Auseinandersetzung zwischen Bose und Winckler hat auch Christian Wolff, den Philosophenpapst der deutschen Aufklärung in Halle beschäftigt. Er äußerte gegenüber Ernst Christoph Graf von Manteuffel sein Befremden über das Verhalten Boses, der sich als einer inszenierte, der elektrische Experimente vor allen anderen gemacht habe und diese als Nachahmer und unredliche Wiederholer beschimpfte. Außerdem erfahren wir, dass Wolff erst spät auf den elektrischen Zug aufgesprungen ist. Er weist die Schuld dafür denen zu, die die Elektrizität wenig überzeugend mit Hilfe der mechanischen Physik Newtons erklären wollten.

Der Brief von Christian Wolff an Graf von Manteuffel aus Halle vom 14. Juni 1744

»Eure HochReichgräfl. Excellenz haben mich in meinem Vorhergehenden nicht völlig verstanden. Meine Meinung ist nicht diese gewesen, als wenn ich die electrisirende Machine nicht gebrauchen wollte um Experimente damit zu machen; sondern nur daß ich die Theorie von diesen besonderen phaenomenis nachzudencken noch zur Zeit nicht die jenige Gelegenheit habe, welche ich wünschte. Denn woferne man die wahren Ursachen entdecken wil, läßet sich solches nicht so leichte thun, wie man vermeinen möchte. Daher auch die Electricität so lange unbrauchbar in der Physick geblieben, und von den Newtonianis nur zum Nachtheil derselben angewandt wird. Mir ist daher sehr erfreulich zu vernehmen gewesen, daß Herr Prof. Winckler auch andere inflammabilia liquida angezündet, doch kan noch nicht ersehen, was eigentlich vor Handgriffe dazu nöthig sind. Herr Prof. Bose hat in die Zeitungen setzen lassen, daß er schon vor zwei Monathen vorher, ehe Herr Prof. Winckler das Experiment gemacht, mit dem Funcken aus dem Finger angezündet, und Schwefel, Pulver, Zunder, Pech anzünden können. Und an mich hat er geschrieben, als wenn es Prof. Winckler von ihm hätte aus Brieffen, die er nach Leipzig geschrieben: wovon mir doch das Gegentheil bekandt ist. Ich weiß nicht, wie der Mann auf den Gedancken kommen kan, daß er ein Recht zum Besitz dieser Experimente haben wil, und jedermann ihm alle Entdeckungen, davon er nichts bekandt gemacht, zueignen und ihn vor seinen Lehrmeistern erkennen sol, da dieses gar nicht überein kommet mit der idée, die ich mir ehe deßen aus seinen Brieffen gemacht. Ich zeuge von dem, was ich gesehen, und mir aus Euer HochReichsgräfl. Excellenz Brieffen bekandt geworden. Ist es wahr, daß er alles vorher gehabt; so ist die Schuld seine, daß er ein Geheimniß daraus gemacht, und muß es sich zuschreiben, daß ihm andere zuvorkommen. Das seltsame *principium* des Herrn Newtons, *secundus inventor nullum habet jus* (der zweite Erfinder hat keinerlei Recht), wird bey unpartheyischen wohl nicht gelten. Wenn auch gleich einer zuerst etwas entdecket hat und schweiget stille; so kan er sich nicht das Recht der Erfindung zu eignen, wenn ein anderer vor sich eben darauf kommet und es vorher bekandt macht. Ja wenn zwey sind, die zugleich auf einerley Erfindung kommen, warum sol der eine nicht soviel Recht haben als der andere? Und muß man nicht eher den ersten verdächtig halten, der erst sich eine von dem anderen bekandt gemachte Erfindung zueignen wil, wovon er vorher nichts gemeldet, oder in Hoffnung sie zu erhalten vorgegeben, als wenn er sie schon besäße? Es scheinet aber, daß der Herr Prof. Winckler auch seine Neider in Leipzig haben muß, welches aus dem Brieffe des Hn Bosens, obzwar ohne Meldung seines Nahmens, in die Leipziger=Zeitungen inseriren laßen, als wenn die in meiner Gegenwart gemachte Experimente schon zwey Monathe vorher in Wittenberg wären gemacht worden, und man daselbst schon viel weiter kommen wäre. Mich dünckt dieser Neid, der auf Verkleinerung anderer gehet, ist niemandem unanständiger als Gelehrten. Wenn ich auch gleich vor mich auf etwas kommen bin, ein anderer aber hat es zuerst publiciret; so eigne ich ihm willig die Erfindung zu, indem er das *jus possessionis* vor sich hat. Und es läuft doch endlich auf eine Eitelkeit hinaus, wenn man darüber zancken, oder Streit anfangen wil. Man sol andere vielmehr durch ihr verdientes Lob aufmuntern, als Jhnen daßelbe streitig machen wollen....«[11]

Die *Leipziger Zeitungen* hatten am 21. Mai 1744 vom Besuch des »berühmten Königl. Preußischen geheimde Rath und Canzler der Hällischen Universität, Hr. Wolf« bei Graf von Manteuffel berichtet, unter anderem auch von dem hier angesprochenen Experiment Wincklers, bei dem er zum ersten Mal »einen gewissen Spiritum« nicht nur, wie schon oft vorher vielfach in Danzig und Berlin gemacht, mit einem elektrisierten Metall, sondern mit dem Finger seiner eigenen, elektrisierten Person angezündet hat. Der gewisse Spiritus konnte alles sein, von Wein über Essig, Salpetersäure und zahlreiche andere chemische Flüssigkeiten:

»Als nun jemand unter den Zuschauern fragte, ob denn auch die aus einem electrisierten Menschen electrische Funcken eben dergleichen Flamme zu Wege bringen könten; versuchte solches der Hr. Professor mit seiner eigenen Person und erwieß, daß ein electrisirter Mensch, so bald er einen Finger in einem mit dergleichen Spiritu angefüllten Löffel tuncket, denselben fast noch hurtiger als durch electrisirtes Metall zum brennen bringen kan. Wie dieses Experiment in Gegenwart des Hern. geheimden Raths Wolf und vieler andern Zuschauer, wohl 10. oder 12. mahl wiederholet hat«.

Die von Wolff angesprochene anonyme Veröffentlichung Boses zu seinen Ansprüchen auf Primogenitur habe ich nicht gefunden, aber eine kurze Meldung über ein Experiment Boses am 14. April in Wittenberg in den *Leipziger Zeitungen* vom 20. 4. 1744, das mit dem Wincklers nicht das Geringste zu tun hat, aber zeigt, dass auch Bose zu den Mitteln der Schaustellerei in einem nicht zur Universität gehörenden Raum gegriffen hat:

»Wittenberg, den 17. April. Am 14. dieses ist in dem hiesigen Zeughause in Gegenwart des Hrn. Commandanten und Obersten, Freyherrn von Bothmar, auch vielen andern Officiers, eine Probe, zwar nur in der Eil, mit einer von des hiesigen Hern. Prof. Bosens kleinen Machinen (sic) angestellet, aber doch fast in einem Augenblick 16. bis 18. Mann von der hiesigen Garnison über und über electrisiret worden; daß also gar kein Zweiffel, daß auf solche Art 1000. Mann Cüraßiers mit Ober= und Unter=Gewehr diese seltsame Eigenschaft empfangen könten.«

Bose hat mit seiner elektrischen Poesie allgemein Kritik und Gelächter hervorgerufen. Ein anonymer Autor der *Altonaer Gelehrte Zeitung* vom 15. Februar 1745 meinte:

»Die Electricität ist, meines Erachtens, kein bequemer Vorwurf für die Dichtkunst. Sie bestehet, wie man weiß, in einer blossen Sammlung verschiedener physischen Versuche, deren Beschreibung eine genaue Wahrheit, und eine sorgfältige Bemerkung aller, auch der kleinsten Umstände erfordert, und wird sich also in die Verzierungen der Dichtkunst schwerlich zu schicken wissen«.

Und Johann Christoph Gottsched, Professor für Logik und Metaphysik in Leipzig, Wolffianer, deutscher Sprachreformer und Vorsitzender der *Deutschen Gesellschaft*, schrieb am 1. Dezember 1744 an den Philologen und Gründer des Königsberger Zweigs der *Deutschen Gesellschaft*, Cölestin Christian Flottwell in Königsberg: »Hier giebt das electrische Wesen viel zu lachen, seitdem Prof. Bose in Wittenberg sich drein gemenget hat. Ich lege seine poetische Beschreibung bey, die gewiß lustig ist«.

Flottwell hatte dafür gesorgt, dass eine Elektrisiermaschine aus Leipzig unter Vermittlung Gottscheds an das ehemalige Mitglied der Nachmittäglichen Rednergesellschaft, Georg Leonhard Nordhof, geschickt wurde, und er mit ihm in Königsberg Versuche anstellte. Flottwell wollte zur Unterstützung seiner Experimente bezeichnenderweise nicht die Schriften Boses zugeschickt bekommen, sondern die von Doppelmayr und Winckler.

Es war also durchaus nicht so, dass die öffentlichen Darbietungen Boses und Wincklers allgemein Anklang gefunden hätten. Gerade im Umfeld der deutschen Aufklärer, in den von Intellektuellen gelesenen überregionalen Zeitungen, überwog die Skepsis wegen der Befürchtung, dass wissenschaftliche Standards auf der Bühne nicht eingehalten werden und es tatsächlich nur um spektakuläre Effekte gehe. Boses Vorwurf, Winckler sei ein Landläufer, haben andere in dieser gemeinen Weise nicht ausgesprochen, denn jemanden einen Landläufer zu nennen, war starker Tobak. Er beförderte den Betroffenen ins rechtlose Abseits. Nach Maria Theresias peinlicher Gerichtsordnung von 1769 zum Beispiel waren vom Durchzugsrecht in den österreichischen Erblanden ausgenommen »die reichsaechter, landesverraether, spione, ueberlaeufer, zigeuner, juden, landlaeufer, bettler«.[12]

Am 26. März 1747 erzählt Bose dem Nachfolger von Wolffs in Halle, Johann Joachim Lange, die Geschichte der reich gewordenen Drechslerjungen in Holland und auch, dass Winckler ihn »bey dem Ober Kirchen Rath in einem weitlaeufftigen memorial« verklagt habe. »Es ist doch artig, ich LandLaeuffern, so findet sich H. prof. Wincklern betroffen«. Bose konnte es einfach nicht lassen.

Bose machte den Landläufer vor allem an Wincklers Vorführungen in seiner Heimat in der Oberlausitz fest, an Lauban und Hirschberg. Dazu lieferte die *Schlesische Zeitung* vom 28. September 1746 einen mit vielen Einzelheiten gespickten Bericht, der beschreibt, wie Winckler das Stadtzentrum in ein elektrisches Theater verwandelt hat:

»Der berühmte und gelehrte Herr Professor Winckler aus Leipzig besuchte vergangenen 22. September seine alten werthen Freunde in Hirschberg, den Adjunctum des Königl Collegii und Creys=Physicum in Hirschberg, Hr. D. Joh. Ehrenfried Thebesium, und zeigte, wie auch Tags darauf in Warmbrunn bey dem dasigen Evangel. Pastori Hr. M. Adam Gottfried Thebesio die Muschenbrochischen verbesserten und vermehrten Electrischen Versuche, nechst diesem die Electrische Kette, den Electrischen Kuß, die Electrische Salve, da dann sowohl in Hirschberg als besonders auch in Warmbrunn in dasiger Evangelischer Pfarr=Wohnung durch Vermehrung der Flaschen und hineingesteckten Drahtes die Electrischen Srahlen zu aller Zuschauer Verwunderung vermöge der im Wasser gelegenen Kette auf das beygesetzte Metall so stark herausschlugen, daß man den Schlag davon eine lange Treppe herunter an der Hausthüre stark hören konnte. Jedoch war dieses Experiment viel verstärket, als besagter Hr. Professor Winckler die Electrische Maschine in den Probst=Brunnen tragen ließ, allwo solche auf dem hölzernen Galgen stand und die Electrische Kraft von besagtem Gange durch eine 30 Ellen lange Kette bis in den Brunnen selbst geleitet wurde. Diese electrische Kraft ward durch dies Mineral=Wasser des Brunnens so vermehret, daß alle, die nur einen bloßen Degen an der Kette hielten, heftiger als von anderm Wasser erschüttert, ja sogar die Glieder der Kette, welche auf den Seiten des Brunnens lagen, gaben die heftigen Strahlen und Schläge, ohne daß von jemanden berühret worden«.

Abraham Gottlob Rosenberg (1709–1764), Pastor und Naturforscher in Mertschütz bei Liegnitz in Niederschlesien und möglicherweise ein Bekannter Wincklers aus seiner Leipziger Zeit in der »Nachmittäglichen Rednergesellschaft«, schrieb am 25. Juni 1747 an Gottsched leicht amüsiert, aber auch besorgt über die theatralischen Tendenzen in den Vorführungen Wincklers. Sie stünden im Widerspruch zu seiner wissenschaftlichen Reputation, die er in seinen Schriften bewiesen habe. Für Rosenberg hatte es zum Beispiel keinen Sinn, ein Modell des kopernikanischen Systems mit Hilfe der Elektrizität in Bewegung zu setzen:

»Was hat es denn damit vor Bewandniß? Was reelles kan es doch wohl nicht seyn? Indeß machen dergleichen Nachrichten die, so nichts von der Sache verstehen, glauben, daß der H. Pr. W. ein rechter Wundermann sey: Da uns doch seine Schriften von der Electricitaet, einen ganz anderen Begriff von ihm machen heißen. In unserm Gebirgen ist einer von seinen Verehrern mit dem Tode abgegangen: u. wo er ja diß Jahr mit seiner Kunst wiederkomt, wird ihm schon eine *avantage* abgehen (ein Vorteil fehlen). Ich dencke aber, er wird die Schlesische Reise einmahl aussetzen. Denn beym letzten mahle seines Aufenthalts im Gebürge hat es schon manchmahl ein Gelächter gesetzt. Es ist schade, daß diese sonderbare Kraft der Natur, durch die Handwercksmäßige Anwendung derselben verächtlich wird. Die Menge der Versuche, in denen jeder Anfänger etwas neues entdeckt haben will, bahnet uns gewiß keinen Weg, die wahre Beschaffenheit der Sache beßer einzusehen; sondern dient vielmehr zur Verwirrung in der Sache. Ich glaube daher, daß die gantze Sache eben darum, weil sie in gar zuviel empirische Hände gefallen, nach u. nach wieder gantz in Vergeßen kommen kan. Ich habe nach soviel Schriften, die ich davon gesamlet u. gelesen, doch meine Gedancken noch nicht geändert«.

Rosenberg hatte ein gutes Gespür. Nur ein Jahr nach seiner Einlassung war der Zenit der öffentlichen Darbietungen überschritten, und um 1750 waren sie für Wissenschaftler nicht mehr geeignet, ihre Reputation zu erhöhen. Rosenberg hat in Breslau 1745 unter dem Kürzel A. G. R. P. M. selbst eine Schrift zur Elektrizität herausgegeben: *Versuch einer Erklärung von den Ursachen der Electricitaet.* »Herr Professor Winckler«, schreibt er im Vorwort, »hat Deutschland durch seinen Tractat von der Electricitaet sowohl genutzet als vergnüget. Genutzet; da er uns durch die von ihm bekannt gemachte electrische Maschine den Weg im Electrisiren ganz ungemein erleichtert: Vergnüget; da er uns so viel schöne Versuche nebst ihren philosophischen Erläuterungen in einer so angenehmen Gestalt vorgetragen, daß man sie mit Vergnügen lieset«.

Während in ganz Europa prekäre Versuche mit der Leidener Flasche angestellt wurden, war Bose klar geworden, wie gefährlich sie waren. Er schrieb am 31. Januar 1747 an Lange, dass ein Jahr vorher ein 14-jähriger Junge nach Versuchen des Herrn Dr. Kratzenstein paralytisch geworden sei. Er, Bose, habe Fische und Vögel bei seinen Experimenten »in Menge damit todtgeschlagen, daß wohl 50 meiner Freunde und Bekannten durchaus nicht weiter das *fulmen* (den Blitz) versuchen wollen, alß halte ich es gar nicht vor unmöegl daß H. Kratzenstein dieses auch an einem jungen Menschen geleistet«. Christian Gottlieb Kratzenstein (1723–1795) war damals Privatdozent für Medizin und Naturlehre an der Universität Halle.[13] Er hatte 1745 die *Abhandlung von dem Nutzen der Electricität in der Arzeneiwissenschaft* veröffentlicht, in der er von Selbstversuchen berichtete. Er maß den Puls vor und nach seiner Elektrisierung, »der Kreißlauf des Geblüts wird geschwinder gemacht«, das Blut wird dünner usw. Also ist es medizinisch erfolgversprechend, Dickblütigkeit und hypochondrische und hysterische Beschwerden bei den »Frauenzimmern« damit zu behandeln, auch den gelähmten Finger einer Frau hat er von jetzt auf gleich kuriert.

Die Elektrizität der Leidener Flasche: Leichtsinn und Erkenntnis

Eine Flasche, zwei Drittel mit Wasser gefüllt, einen elektrisierten Draht hineingesteckt. Das war sie, die Leidener Flasche, die das bisherige Kinderspiel mit Elektrisiermaschinen mit einem Schlag, der durch Mark und Bein ging, für immer veränderte. Wer ihre Wirkung als erster spürte, ist ohne große Bedeutung. Es war der Brief von Musschenbroek an Réaumur, der der Flasche europaweit Geltung verschaffte. Er wurde durch Abbé Nollet mit einer französischen Übersetzung des lateinischen Originaltextes innerhalb weniger Monate in Kreisen der Wissenschaftler bekannt gemacht und der Versuch an vielen Orten nachgeahmt.

Alle, die sich mit dem Brief Musschenbroeks beschäftigen, rekurrieren auf einen Bericht, den Nollet darüber der Akademie in Paris gegeben hat.[14] Es war die weit verzweigte Korrespondenz Nollets, die Musschenbroeks Versuch in einer Nachrichtenstafette schnell in alle wissenschaftlichen Winkel Europas verbreitet hat. Mehr als einhundertzwanzig Jahre später und jetzt mit dem Wissen um seine herausragende Bedeutung für die Geschichte der Elektrizität hat Louis Figuier den Brief in leicht abgewandelter Form – ohne die präzisen Angaben Musschenbroeks anhand seiner Zeichnung im Brief – in seinen populärwissenschaftlichen *Les Merveilles de la Science* abdruckt und so einer breiten Laienöffentlichkeit bekannt gemacht.[15]

Brief von Musschenbroek an Réaumur aus Leiden am 20. Januar 1746

»Da ich sehe, dass diese Seite noch nicht ganz gefüllt ist, möchte ich Ihnen von einem neuen, aber schrecklichen Versuch berichten, den ich ihnen rate, ihn keineswegs selbst zu versuchen, auch möchte ich es nicht im ganzen gallischen Königreich vorführen, nachdem ich wiederholte Schläge erfahren habe, und das Verbot Gottes mich durch seine Gunst bewahrte.

Ich machte einige Forschungen zu der Kraft der Elektrizität. Dazu hatte ich zwei Fäden aus blauer Seide an eine Kanone aus Eisen gehängt, die durch eine Übertragung die Elektrizität einer Glaskugel erhielt, die man schnell um ihre Achse drehte, während man sie mit den Händen rieb; am

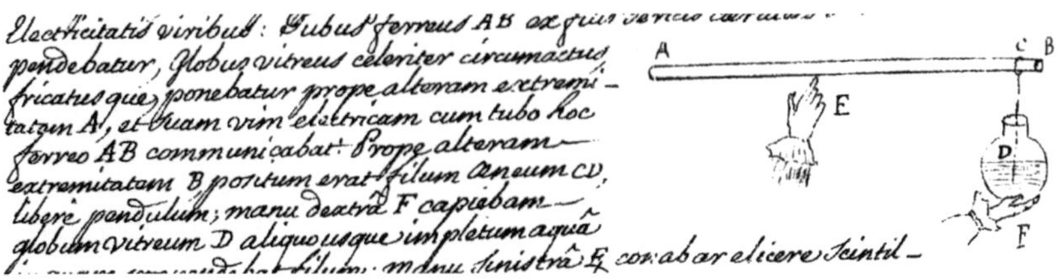

Electricitatis viribus: Tubus ferreus AB ex [illegible]
pendebatur, Globus vitreus celeriter circumactus
fricatusque, ponebatur prope alteram extremi-
tatem A, et suam vim electricam cum tubo hoc
ferreo AB communicabat: Prope alteram
extremitatem B positum erat filum aeneum CD,
libere pendulum; manu dextra F capiebam
globum vitreum D aliquousque impletum aquâ
[illegible] manu sinistra E conabar elicere scintil-

Abbildung 7: Ausschnitt aus dem Brief Musschenbroeks mit der Skizze zum Experiment

anderen Ende B hing frei ein Messingdraht, dessen Ende in ein teils mit Wasser gefülltes Gefäß aus rundem Glas D getaucht war, das ich in der rechten Hand F hielt, und mit der anderen Hand E versuchte ich Funken aus der elektrisierten Kanone aus Eisen zu ziehen. Plötzlich wurde meine rechte Hand F von einer solchen Gewalt getroffen, dass der ganze Körper wie bei einem Blitzschlag erschüttert wurde; das Gefäß war, obwohl aus dünnem Glas gefertigt, durchaus nicht wie gewöhnlich zerbrochen, und die Hand wurde von dieser Erschütterung kaum versetzt; aber der Arm und der ganze Körper waren auf eine schreckliche Art betroffen, die ich nicht beschreiben kann, mit einem Wort, ich glaubte, das war mein Ende. Aber hier gibt es sehr einzigartige Umstände: wenn man diesen Versuch mit einem Glas aus England macht, ist der Effekt null oder beinahe null; das Glas muss aus Deutschland sein. Es genügt nicht einmal, wenn es aus Holland ist; es ist egal, ob es gerundet ist wie eine Sphäre oder von einer ganz anderen Gestalt; man kann ein ordinäres Trinkglas benutzen, groß oder klein, dick oder dünn, tief oder nicht; aber das, was absolut notwendig ist, dass es entweder ein Glas aus Deutschland oder aus Böhmen ist: dasjenige, das ich an meinen Tod denken ließ, war ein weißes und dünnes Glas, mit einem Durchmesser von 5 Zoll. Die Person, die den Versuch unternimmt, kann sich einfach auf ein Brett stellen; aber es muss die gleiche sein, die mit einer Hand das Gefäß D hält, und mit der anderen Hand den Funken erzeugt; der Effekt ist sehr gering zu spüren, wenn er mit zwei verschiedenen Personen durchgeführt wird. Wenn man das Gefäß auf eine Unterlage aus Metall, die von einem Holztisch getragen wird, stellt, spürt man einen sehr großen Schlag, wenn man das Metall nur mit der Spitze des Fingers berührt und die Funken mit der anderen Hand zieht« (Übersetzung aus dem Französischen Nollets unter Zuhilfenahme des lateinischen Orginals, H.V. Orginale im Anhang)

Deutsches und böhmisches Glas waren dick, englisches Glas enthielt Blei. Machte das den Unterschied? Wohl kaum. Nollet konnte bei seinen

Versuchen keinen Unterschied feststellen und meinte in seinem Bericht an die *Académie Royale*, die Gläser seien nicht richtig trocken gewesen. Und Musschenbroek schreibt ja selbst, dass das Glas, das ihn an den Tod denken ließ, weiß und dünn war. Dass sich mit dünnem Glas schnell eine große Stärke der Elektrizität erreichen ließ, war nur wenig später allgemein anerkannt.

Die *Leipziger Zeitungen* haben schon früh von den Versuchen Musschenbroeks berichtet und sie am 11. April 1746 in allen Einzelheiten geschildert. Ihre Gefährlichkeit war dem Redakteur vollkommen klar:

»Wenn der Schlag geschiehet, so empfindet man nicht nur an dem Finger einen schneidenden Schmerz, sondern es durchdringend auch die Würckung im Augenblick den ganzen Leib, daß beyde Arme gegen die Brust gerückt werden, die Knie niedersincken, die Füsse in die Höhe fahren, und der Kopf, und vornehmlich die Augen, durch die Bewegung erhitzt werden... Noch einige Stunden nach dem Versuche haben sie eine Beklemmung um die Brust und einen Schmerz in Armen und Beinen gefühlet, als wenn man in die Gelencke geschlagen worden wäre«.

Winckler hat sofort nach Bekanntwerden seine Versuche mit der Leidener Flasche angestellt. Zunächst berichtet er, dass das Wasser in einer einmal elektrisierten Leidener Flasche zu sausen anfängt, sobald sich ein unelektrisierter Körper nähert. Ist das eine Hand, fühlt sie die elektrische Materie mit großer Stärke, und man hört ein Knacken. Zieht man die Flasche vorsichtig aus dem Draht, der aus der elektrisierten Röhre hängt, ohne ihn zu berühren, und steckt ihn dann mit der freien Hand mitten in die Öffnung der Flasche, hört man ebenfalls ein Sausen. An Hand der Abbildungen in *Die Stärke der Electrischen Kraft des Wassers in gläsernen Gefäßen* werden nun einige Versuche beschrieben.

Damit er die Flasche nicht mehr in der Hand halten und einen elektrischen Schlag ertragen musste, hat er sich die hier abgebildete Konstruktion ausgedacht. »Durch diese Anstalten bin ich durch die üblen Wirkungen genöthiget worden, welche der Mussenbroekische Versuch in mir verursachet. Denn nachdem ich ihn sehr oft wiederholt hatte: so fühlte ich im Kopf an der Stirne eine Schwere, wie man zuweilen beym Schnupfen empfindet. Darauf bekam ich in zween Tagen aufeinander des morgens Nasenbluthen, worzu ich gar nicht geneigt bin. In den Gelenken der Hände und Arme empfand ich einen fortdauernden Schmerz, ein Zucken und Reissen«.

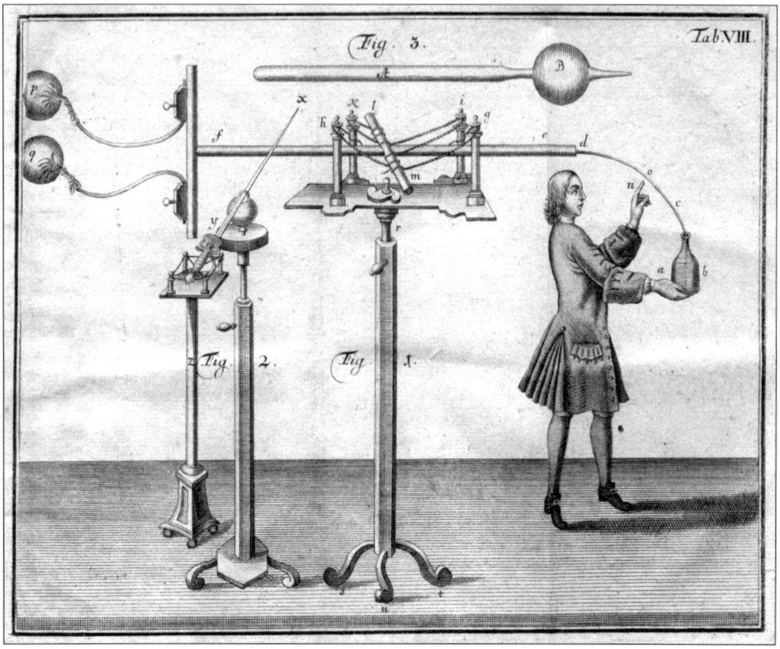

Abbildung 8

Abbildung 8 und 9: Johann Heinrich Winckler, Die Stärke der Electrischen Kraft des Wassers in gläsernen Gefäßen, welche durch den Musschenbroekischen Versuch bekannt geworden, erklärt von Johann Heinrich Winklern, Professorn der lateinischen und griech. Sprache, und Collegiaten des großen Fürsten = Collegii zu Leipzig. Leipzig 1746. Kupferstiche

In Figur 2 sieht man an der Spitze eines Degens, der an seidenen Schnüren an ein Gestell gebunden ist und auf der elektrisierten Messingröhre liegt, so dass er ebenfalls elektrisiert ist, Lichtstrahlen austreten, bis es bei fortgesetztem Elektrisieren einen Schlag tut. Man kann also die Zeit bis zur Entladung feststellen. Gemessen hat sie Winckler nicht.

Nähert man sich mit einem Finger einer Leidener Flasche während des Elektrisierens, sieht man sogar bei Tag »ein strömendes Licht«. Hält man zwischen den Fingern eine an den Enden zugeschweißte wassergefüllte Glasröhre mit Kugel über die elektrisierte Messingröhre (Fig. 3), fahren die Funken immer entlang der Messingröhre.

Diesen Versuch hat Winckler vor dem Kurfürsten in Apels Garten gezeigt. Am 28. Juli hat er dann drei große Flaschen in die Pleiße gehängt, ihre Drähte mit einer Eisenkette verbunden und diese an einer elektri-

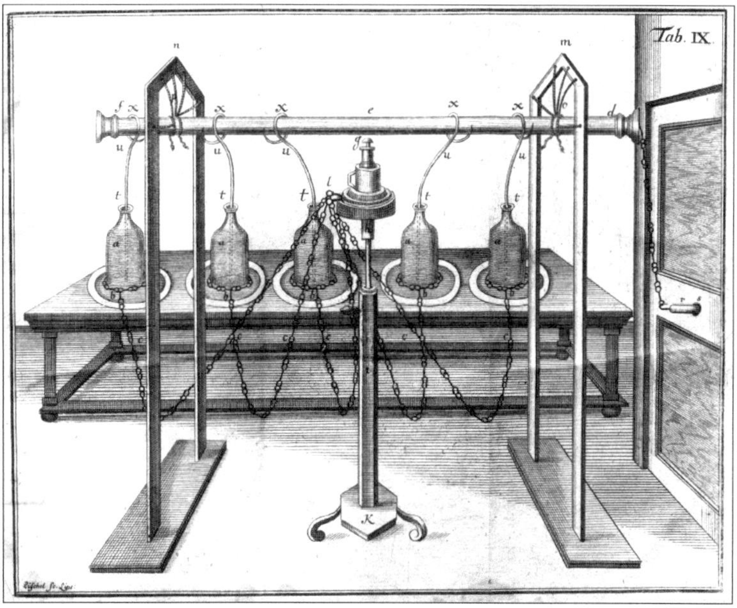

Abbildung 9: Veränderungen des Musschenbroek'schen Versuchs durch Winckler
Die zu elektrisierenden Flaschen stehen in einer Zinnschüssel oder einem Tongefäß in Wasser. Sie sind an der Basis von einer in diesem Wasser liegenden Eisenkette umschlungen, um alle an einem Stativ mit einem runden Metall zu enden. Wird die Messingröhre d – f elektrisiert – das geschieht über die Kette, die in einem Blechzylinder durch die Türe zur Elektrisiermaschine mit vier Glaskugeln im Nebenraum führt – »so entstehen zwischen der Röhre und dem runden Metall starke electrische Funken, welche bey hellem Tage sehr dicht aussehen, und einen Schlag und Schall verursachen, den man weit hören kann«. Außerdem blitzt es zwischen den Gliedern der Kette und an allen mit der Kette verbundenen Flaschen. Winckler erklärt seine Anlage ab Seite 6.

sierten Röhre festgemacht. In 30 Ellen Entfernung (rund 10 Meter) legte er eine weitere Eisenkette in den Strom und das freie Ende ans Ufer, wo es die elektrisierte Röhre berührte. Auch dann ließen sich zwischen den Gliedern beider Ketten Blitze sehen, wenn es knallte. Zahlreiche weitere Versuche in Apels Garten und in der Pleiße sollten vor allem zeigen, wie die Wasserfüllung der Leidener Flasche und verschiedene Entladungstechniken die Stärke des Funkens bzw. die Stärke des gefühlten elektrischen Schlags beeinflussen. Sie waren alle sehr gefährlich. Nur ein Beispiel in den Worten Wincklers, mit dem er zeigen wollte, dass es egal sei, ob die

Eisenkette im Wasser der Zinnschüssel die Leidener Flasche umschlingt, oder sie einfach in der Pleiße liegt. Er elektrisierte das Messingrohr:

»In beyden malen schlugen die Funken so stark, daß sie die Personen, die nach etlichen Minuten, da man mit Electrisiren aufgehöret, sich mit einem eisernen Schlüssel dem messingnen Rohre genähert, auf einmal Arme und Füße durchdrungen, daß nach dem Schlage alle Glieder gezittert. Eine Person hielt einen Hut in der Hand, und fuhr mit einem darauf liegenden Schlüssel an die messingne Röhre. Die Funken schlugen auf denselben so heftig, daß sie durch den Hut drungen, und unten an demselben wie Blitze herum fuhren. Der Funken, welchen ein Finger getroffen, ist ganz weiß geworden, und eine Viertelstunde lang in diesem Zustande geblieben, der ganze Körper aber wie gelähmt gewesen.« (S. 55)

Das hat die Teilnehmer von weiteren persönlichen Erfahrungen abgehalten, die in großer Zahl beteiligt waren und sich an den Händen haltend schockieren ließen.

Ganz nebenbei und ohne sich dessen wirklich bewusst zu sein, zeigt Winckler hier die Parallelschaltung der Leidener Flasche, bei der die Eisenkette die Minuspole an der Außenseite der Flasche und der um die Röhre geschlungene Draht die Pluspole an ihrer Innenseite verbindet. Das führt nicht zu einer höheren Spannung, sondern zu einer höheren Ladekapazität, die bei plötzlicher Entladung lebensbedrohlich werden konnte.

Wie und warum wird die *elektrische Kraft des Wassers* in gläsernen Gefäßen gestärkt, während sie in Metallgefäßen verschwindet? Diese Frage hat Winckler selbst bei seinen theatralischen Versuchen in Apels Garten umgetrieben. Natürlich wusste er wie alle anderen Experimentatoren seit Charles François de Cisternay Dufay 1733, dass es eine Glas- bzw. Harzelektrizität gibt, zwei Arten des elektrischen Fluidums, wie sie Dufay nannte, oder zwei Arten der elektrischen Materie, was Winckler im Allgemeinen bevorzugte. Verblüffend war die Wirkung des Wassers.

Um sie zu klären, machte er mit analytischen Biss folgendes Experiment: Er brachte in ein Glas ohne Wasser einen elektrisierten Metalldraht, der den Boden oder den Rand des Gefäßes ein bis zwei Sekunden lang berührte. Er entfernte den elektrischen Draht und ersetzte ihn durch einen noch nicht elektrisierten, der wiederum die innere Glaswand berührte: er wurde sofort elektrisch und zog Goldblättchen an. Goss er jetzt Wasser in das Gefäß, wurde es elektrisch und der Draht ist es geblieben. Dieses elektrische Wasser goss er in ein nicht elektrisiertes Glas und hängte einen nicht elektrisierten Draht hinein: er zog Goldblättchen an und gab bei Annäherung eines Metalls Funken von sich.

Dann wiederholte er den Ablauf, um zu klären, wodurch das Wasser elektrisch geworden war. Er elektrisierte ein trockenes Glasgefäß wie gehabt durch die Berührung im Innern mit einem elektrischen Metalldraht, entzog dem Draht das Glas und setzte es auf einen hölzernen Tisch, goss nicht elektrisiertes Wasser hinein und hängte den elektrischen Draht ohne Berührung der Glaswände in dieses Wasser.

»Ich näherte mich ihm mit Goldblättchen auf einer Glasscheibe. Es wurden diesselben angezogen und zurückgestossen. Ich fuhr mit einem Finger auf ihn zu. Ich sahe und fühlte einen starken Funken. Ich wiederholte den Versuch bald mit Goldblättchen, bald mit einem Finger, bald mit einem Metalle. Anziehen und Funken wurden etliche Minuten lang verspüret.« (S. 75)

Winckler glaubte fälschlicherweise, er habe in seinem Versuch in getrennten Vorgängen die Elektrizität des Wassers mit der des Glases vermischt. Seine Schlussfolgerung: Elektrisiert man einen Draht in einer Flasche Wasser, wird die elektrische Materie des Wassers vom Draht und vom Glas erregt, das heißt sie wird dadurch verstärkt. Man kann also sagen, der Elektrizität eines einzigen mit Wasser gefüllten Glases entspricht einer Elektrizität, für die mehrere Glaskugeln gerieben werden müssten. Er dachte dabei wohl an das Experiment mit den drei Glaskugeln in der Pleiße, das ihn die Rolle des Wassers überbewerten ließ und seine Analyse verwirrt hat.

Woraus schöpft, so fragt er sich, ein einziges Flaschenglas die elektrische Kraft dreier Glaskugeln? Das Glas ist nicht größer als eine Kugel, die gerieben wird, und liefert doch so viel mehr an elektrischer Materie. Winckler ist der Meinung, verantwortlich dafür sei der intensivere Kontakt des Wassers mit dem Glas, intensiver als es der Kontakt der Hand mit der geriebenen Kugel sein kann, »sie berühren einander in mehrern Puncten«. Dann reißt die logische Kette seiner Argumentation ab. Er nimmt auf einmal an, dass das Wasser, obwohl in der Leidener Flasche durch den Draht elektrisiert, jetzt plötzlich in Bezug auf die Elektrizität des Glases nicht mehr als elektrisiert angesehen werden kann. Danach wäre die Elektrizität des Wassers ins Glas verschwunden. Doch Winckler schafft es nicht, das Phänomen am Schopf zu packen und die gespeicherte

Kraft der Elektrizität allein im Glas zu sehen. Er rührt jetzt beide, die elektrische Materie des Glases und die des Wassers so zusammen, dass sie nicht mehr voreinander getrennt werden können. Die elektrische Kraft entfaltet dann ihre verstärkte Wirkung erst in einer Art Suppe aus Glas- und Wasserelektrizität:.

»Je mehr nun electrische Materie an einem electrisirten und unelectrischen Körper aufgelöset, und miteinander vermenget wird, desto stärker wird die electrische Kraft.« (S. 77)

Trotz der durchdachten Anlage seines Experiments konnte Winckler das Zusammenspiel von elektrischer Leitung durch das Wasser beim Laden und der folgenden Speicherung im Glas nicht einmal im Ansatz klären. Wasser ist in seinem Versuchsaufbau nur ein Ionenleiter für den Strom aus dem Draht zur Innenseite des Glasgefäßes. Es war ja auch von ihm durch einen kurzen Kontakt des Drahtes mit dem Glas ersetzt worden. Da er nicht messen konnte und nicht einmal wusste, was er hätte messen müssen, blieb er in seinen fehlerhaften Annahmen gefangen. Nollet und andere hatten da wenig später keinerlei Problem und haben auf das Wasser verzichtet. Sie belegten wenigstens zwei Drittel der Innen- und Außenseite der Flasche mit Metallfolien und machten so die Flasche leicht und trocken. Die Praxis hatte sie zu dieser Lösung geführt, nicht ihre Theorie.

Ich glaube, Wincklers Vorführungen in Apels Garten, bei der er auch Flaschen in die Pleiße versenkte, hatten ihn zur Überbewertung der Rolle des Wassers verführt. Deshalb hat er im oben beschriebenen Experiment die um die Flaschen geschlungenen Eisenketten in Zinnschüsseln in Wasser gelegt, eigentlich eine überflüssige Zutat, wenn die Eisenketten einen intensiven Kontakt zum Glas erhalten. Er brauchte das Wasser für seine Suppe aus elektrischer Materie, seine fixe Idee, die er elegant begründete, theatralisch in Szene setzte und an ihr festhielt, obwohl er wusste, dass Feuchtigkeit am oberen Teil der nicht ganz mit Wasser gefüllten Flasche Elektrizität vernichtete und ein feuchtes Klima der Speicherung der elektrischen Materie abträglich war.

Winckler standen lediglich zwei Begriffe zur Verfügung, mit denen er die Funktion der Leidener Flasche erklären konnte: Stärke der elektrischen Kraft und elektrische Materie. Von der elektrischen Materie wusste er nichts, ihre Stärke spürte er am eigenen Leib, hörte es Knistern und Krachen und sah einen oder mehrere Funken. Das war alles. Er versuchte sich also vorzustellen, wie die elektrische Materie in der Flasche in einen transportablen Zustand versetzt und gespeichert wurde. Die bisherige Erfahrung mit der Reibungselektrizität war eine andere. Elektrizität gab es nur, solange gerieben wurde. Aber mit der Flasche waren elektrische Effekte noch Minuten nach Beendigung des Reibens auszulösen. Wo also steckte die elektrische Materie, die vom elektrisierten Draht ins Wasser und von da bis zum Glas gelangt war? Sie musste in beiden vorhanden sein und zwar so, dass sie durch Berühren der Flasche über längere Zeit wieder abzurufen war. Lag es da nicht nah, eine Lösung des subtilen Fluidums von Glas und von Wasser anzunehmen, eines Fluidums, das als Träger der elektrischen Kraft angesehen wurde, umso mehr, als noch keiner der Forscher etwas von Ionen im Wasser wusste, die die Elektrizität vom Draht zum Glas transportierten? So absurd, wie die Lösung in einer Suppe auf den ersten Blick scheinen mag, war Wincklers theoretischer Vorschlag nicht. Er bot zumindest für die Speicherung der Elektrizität eine damals einleuchtende Lösung an, die in einem Gefäß transportiert werden konnte und so lange wirkte, bis sie aufgebraucht war, und das zu einer Zeit, als noch keiner der Forscher mit den Begriffen von Kapazität, Spannung und Stromstärke in Berührung gekommen war.

Orte des Geschehens: Leipzig mit Apels Garten, Wittenberg und Lauban

Ich werde nun die Orte, in denen Winckler und Bose ihre elektrischen Versuche vor Publikum präsentiert haben, mit Hinweisen zur Herkunft der Sponsoren versehen. Die Leipziger Kaufleute der Gold- und Silbermanufakturen mit ihren naturwüchsigen Verbindungen zum herrschenden Adel boten den opulenten Rahmen für Wincklers Theater einer Funken sprühenden Elektrizität. Bose war einer solchen Kaufmannsfamilie entsprossen, die in enger Nachbarschaft zur Familie Johann Sebastians Bachs wohnte, auch Winckler kannte Bach sehr gut. Obwohl Leipzig noch nicht einmal 30 000 Einwohner zählte, war es eine für die damalige Zeit blühende, weltoffene Großstadt, deren Messen der Frankfurter Messe längst den Rang abgelaufen hatten. Wittenberg zählte um 5 000 Einwohner, ein Provinzstädtchen mit Universität, davon ein Viertel Theologen mit einem besonderen Hang zu Streitereien über die richtige Bibelauslegung zur scharfen Abgrenzung der lutherischen Orthodoxie von allen anderen Spielarten der Religion. Lauban mit höchstens 4 000 Einwohnern war dann richtige Provinz, eine Tuchmacher- und Handwerkerstadt. In ihr wurde Winckler zu einem gottesfürchtigen Leben erzogen.

Leipzig
Apels Garten

Schauvorführungen im vom Leipziger Großkaufmann Andreas Dietrich Apel (1662–1718) angelegten Barockgarten machte Winckler nach seinen Angaben in *Die Stärke der electrischen Kraft des Wassers in gläsernen Gefäßen* am 7. Mai 1746, am 28. Juli 1746 und am 16. August 1746. Er beschreibt die Vorbereitung als eine konzertierte Aktion der »Interessenten des Gartens«:

»Die Anstalten zu den Versuchen wurden in den Zimmern des großen Apelschen Gartens gemacht. Bey den Thüren und Fenstern waren zur bequemer Einrichtung allerhand Veränderungen nöthig. Die Interessenten des Gartens, *Herr Apel, Baumeister Thomae* (Johann Andreas Thomae 1676-1756, Kaufmann, Ratsherr und Baumeister, außerdem Vorsteher des Zucht- und Waysenhauses, Hauptmann), *Herr Dietze und Herr*

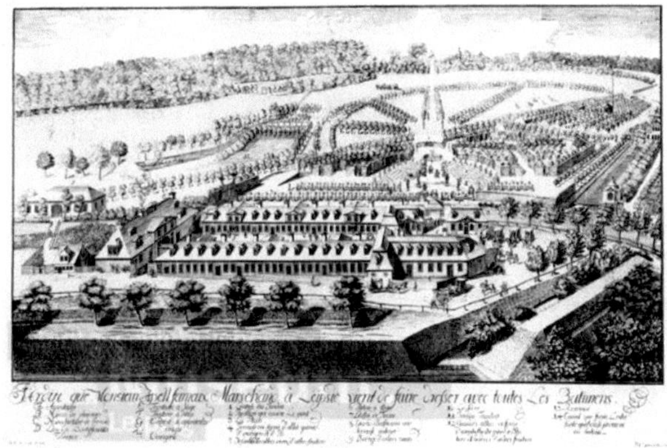

Abbildung 10: Apels Garten um 1720, davor die Gebäude der Gold- und Silbermanufaktur. Paul Christian Zincke (Zink). Kupferstich. Stadtgeschichtliches Museum Leipzig

Bötticher, gaben mir mit großen Vergnügen die Erlaubniß, nach meinem Gefallen zu bauen, und alles zu den Versuchen erforderliche veranstalten zu lassen. In diesen Zurüstungen, worinnen mir der Herr Prof. Woog beständig Gesellschaft und Beystand leistete, ward ich ungemein ermuntert, da des Herrn Grafen Holzendorf Exzellenz die einrichtumg zum öftern betrachteten, allerhand Veränderungen und Zusätze anordneten, und aus der großen Anzahl der Versuche die merkwürdigsten wählten, und etliche mal anstellen liessen, damit alles in einen solchen Stand kommen möchte, daß es Ihro Königlichen Majestäten gefallen könnte...Die Versuche waren in 4 Classen vertheilet. Es wurden die Phänomena der anziehenden Kraft, die zündenden Funken, die Funken nach der mussenbroekischen Art, und die Lichtstrahlen im luftleeren Raume gezeiget«.

Welcher Herr Apel hier gemeint sein könnte, ist nicht eindeutig zu klären. Andreas Dietrich Apel hatte zehn Kinder, denen er den Garten zu gleichen Teilen vererbte.[16] Sehr wahrscheinlich war es Andreas Friedrich Apel, der in *Das jetzt lebende und florirende Leipzig* von 1723 als der Tonangebende unter den Apels geführt wird.[17] Thomae und Apel residierten beide »am Marckt unterm Apelischen Hause«. Zusammen mit dem dritten genannten Dietze (Johann Andreas Dieze, Cramer und Handelskonsorte) betrieben sie ein »Raggion«, ein Handelsgeschäft

»mit allen Sorten halbseiden, seidenen und reichen Waaren, wie auch mit feinen tuchen, Camlott, Droguet, Gold- und Silber=Waaren, auch mit aller Sorten Meubel= und übrigen currenten Cram=Waaren. Die schon vor 40. Jahren von ihrem resp. Vater und Schwieger=Vater, Herr Andreas Dietrich Apeln, zuerst allhier etablirte Seiden=Waaren=Fabrique haben sie von zeit zu Zeit vermehret, also da´ietzo darinnen alle Sorten seidene und reiche Waaren, ingleichen Sammet und Velpe, wie von Meuble=Waaren, Damast, Atlaß und Bocadell, in denen Fabrique=Häusern ihres eigenen Garten fabriciert werden. In solchem befindet sich auch die allhier zuerst fabricirte Seiden=Farbe, nebt einer Seiden=Strumff=Fabrique, wie auch eine Tapeten=Leinwand= und Cattun=Druckerey. Uberdiß wird von ihnen unter der Raggion: Andreas Dietrich Apels Erben, die privilegirte Gold= und Silber=Drat, Lahn, Gespinste, Tressen, Spitzen, Point d'Espagne, und Chamerirungen. fabricirt werden«.[18]

Auch der von Winckler genannte Zacharias Bötticher war »ein Kauff- und Handelsmann, hat eine considerable Handlung mit seidenen Waaren und Wechsel=Negotio, dessen Gewölbe und Contoir ist in Apels Hause, am Marckte«.[19] Alle vier Anwesenden bei der Vorbereitung der großen Schau Wincklers in Apels Garten waren also Kaufleute, und alle saßen im Comptoir Apels am Markt.

Andreas Friedrich Apel hatte am 10. Mai 1714 zum ersten Mal das Fischerstechen aus venezianischen Gondeln vor August dem Starken aufführen lassen, das er bei einer Handelsreise in Venedig beobachten konnte. Dafür hatte er eigens venezianische Fischer aus Venedig kommen lassen, »die den Leipziger Fischern Unterricht in ihrer Kunst ertheilen mussten«. August war hoch erfreut und schenkte Apels Gattin ein großes Grundstück im Anschluss an den bestehenden Garten und wies den Oberlandbaumeister David Schatz an, ihn in Gestalt eines Fächers anzulegen. »Leipzig sah in diesem Garten 1723 den ersten Kaffeebaum blühn«.[20] Danach wären August der Starke und David Schatz für die endgültige Fächerform des Gartens verantwortlich gewesen.

Der volle Titel des Buches lautet (siehe Abbildung 11, S. 73): *»Sperontes, singende Muse an der Pleisse in zwei mal 50 Oden, der neuesten und besten musikalischen Stücke mit den dazu gehörigen Melodien zu beliebter Klavierübung und Gemütsergötzung. Nebst einem Anhang aus J. C. Günthers Gedichten. Leipzig. Auf Kosten der lustigen Gesellschaft 1736«*. Die »lustige Gesellschaft« war eine studentische Musikgruppe. Wahrscheinlich gehören die beiden jungen Leute mit geflügelter Kopfbedeckung und übertriebener Körperhaltung zu ihr, und möglicherweise haben auch sie in Schellhavers Haus geübt. Die singende Muse war eine

Abbildung 11: Leipzig von Nordwesten 1736. Frontispiz aus: »Sperontes« (das ist Johann Sigismund Scholze). Singende Muße an der Pleiße. Leipzig 1736. Kupferstich von Christian Friedrich Boeting nach einer Zeichnung von Johann August Richter
Das große Gebäude rechts ist der Eingang zum Bose'schen Garten, daneben Wirtschaftsgebäude, in der sich die Bose'sche Manufaktur befunden haben könnte. Darüber am Horizont Apels Garten. Ansicht der Stadt von rechts nach links: Pleißenburg, Thomasschule, Thomaskirche und in der Mitte der Häuserfront Schellhavers Haus, in dem sich ein großer Saal befand, der vom Hausherrn dem Görner'schen Studentenmusikverein zur Verfügung gestellt wurde. Dargestellt sind zwei leicht transportable Oktav-Querspinette. Sie spielen eine Oktave höher und waren wegen ihres zarten Tons bei Frauen sehr beliebt.

Sammlung einfacher, geradliniger Texte und leicht zu singender Melodien, die sich wohltuend volkstümlich vom antikisierenden Bombast abhoben und aus Alltagserfahrungen schöpften.

1736 ist das Jahr, in dem Johann Sebastian Bach zum Churfürstlich sächsischen Hofkompositeur ernannt wurde. 1731 war Winckler *Collega quartus*, vierter Lehrer an der Thomasschule geworden und hatte für Bach, der seit 1723 nicht nur Kantor, sondern auch Lehrer für Latein und

Katechismus an der Thomaschule war, ein Libretto für dessen Kantate »Froher Tag, verlangte Stunden« geschrieben, das verloren ist. Die Boses am Thomaskirchhof waren Nachbarn von Bach, ihre Kinder spielten miteinander, und einige Boses wurden Paten von Johann Sebastian Bachs Kindern.

Im zweiten Schlesischen Krieg wurde Leipzig zu Beginn des Winters 1745 von den preußischen Truppen des Fürsten Leopold I. von Anhalt-Dessau, dem alten Dessauer, belagert. Leipzig kapitulierte und musste 2 Millionen Thaler in Wechseln zahlen, ein Viertel der gesamten Kriegskosten Preußens. Das entsprach ungefähr den Jahreslöhnen von 100 000 Ackerknechten. Leipzig hatte 30 000 Einwohner. Ein Paar Stiefel kostete rund 3 Thaler. Auch die Professoren wurden zur Zahlung herangezogen, die die Leipziger nur durch Kreditaufnahme leisten konnten. Nach dem Friedensschluss von Dresden am 25. Dezember 1745, bei dem Maria Theresia vorläufig »für immer« Schlesien an die Preußen abtreten musste, fiel für Sachsen eine weitere Million Thaler an, für die Leipzig nach einem Verteilungsschlüssel noch einmal in die Pflicht genommen wurde.[21] Unter diesen Bedingungen war der repräsentative Aufwand, der für Wincklers Vorführungen in Apels Garten betrieben wurde, ein weiterer Schlag ins Gesicht der Untertanen, die die Zeche letztlich zu bezahlen hatten.

Wittenberg

Wittenberg, das zu Kursachsen gehörte, wurde im Siebenjährigen Krieg von den Preußen besetzt und Bose 1760 als Geisel nach Magdeburg verschleppt, wo er am 17. September 1761 an der Ruhr verstarb. Wahrscheinlich wurde der vermögende Bose Opfer nicht gezahlter Kontributionen. Die *Augsburgische Ordinari – Post-Zeitung* vom 2. März 1760 gibt den vollen Wortlaut einer scharfen Verordnung des »Königlich – Preußischen – General Feld Kriegs Directoriums« in Wittenberg vom 27. Januar 1760 wider. Darin heißt es u.a., dass das ganze Quantum der Kontributionen sofort zu entrichten sei, andernfalls werde Vieh weggenommen, Untertanen gefangen und zur Festungsarbeit gezwungen. Bei Widerstand Sengen und Brennen, um die Kontributionen zu erhalten nach »der Vorschrift des allergnädigsten Königlichen Befehls«. Bei der Rückeroberung durch die Kaiserliche Reichsarmee unter dem Oberbefehl des Herzogs von Zweibrücken wurden 120 Häuser in Brand geschossen, auch das Haus des in Magdeburg inhaftierten Georg Matthias Bose. »Indessen war bei der

Abbildung 12: Wittenberg 1760
Christian Siegesmund Georgii, Wittenberger Klagegeschichte. Kupferstich von M. C. G. Gilling 1760

Belagerung und Einäscherung Wittenbergs durch die Reichsarmee, am 23. Oktober 1760, das Haus, die vortreffliche Bibliothek, der kostbare Vorrath mathematischer und physikalischer Instrumente und sämmtliches Hausgerät des gefangenen Professors ein Raub der Flammen geworden. Als ihm sein Sohn die Nachricht davon nach Magdeburg meldete, nahm er sie mit ruhiger Gelassenheit auf und schrieb ihm unter andern: »Ich murre nicht wider Gott über das uns betroffene harte Schicksal, nein, ich lobe ihn vielmehr! Ermanne Dich und bitte Gott für Dich. Solange als der noch lebt, was brauchst Du mich? Der das Kreuz schickt, hilft es auch zu tragen. Meine Seele ist noch eben so frei, als sie es in der vorigen Zeit war, da ich noch alle Ehren und Würden meines Amtes genoss«.[22]

Lauban

Johann Hübner beschreibt in seiner »vollständigen Geographie« 1723, gegen Ende der Schulzeit Wincklers, Lauban als eine blühende Kleinstadt:

»Lauban, Lat. Laubana, ist eine wohlbewohnte und nahrhafte Stadt an der Queisse, hart an den Schlesischen Gräntzen, mit einer guten Ringmauer und einigen Basteyen verwahret. Es sind schöne Bleichen daselbst; und die Kauffleute handeln starck mit Tüchern, mit Leinwand, und mit Garne.... Die Stadt = Schule ist zu Ende des vorigen Seculi in einen sehr guten Stand gesetzet worden. Es hat auch ein wohlangelegtes Waysen = Haus, welches sich mit der zugehörigen Kirche wohl präsentiret. Es stehet auch eine Kirche vor der Stadt, welche den nächst angräntzenden Schlesiern zu ihrem GOttes = Dienste eingeräumet ist. Wann Lauban noch die Dörffer hätte, die es vor diesem besessen hat, und welche in den Kriegs =

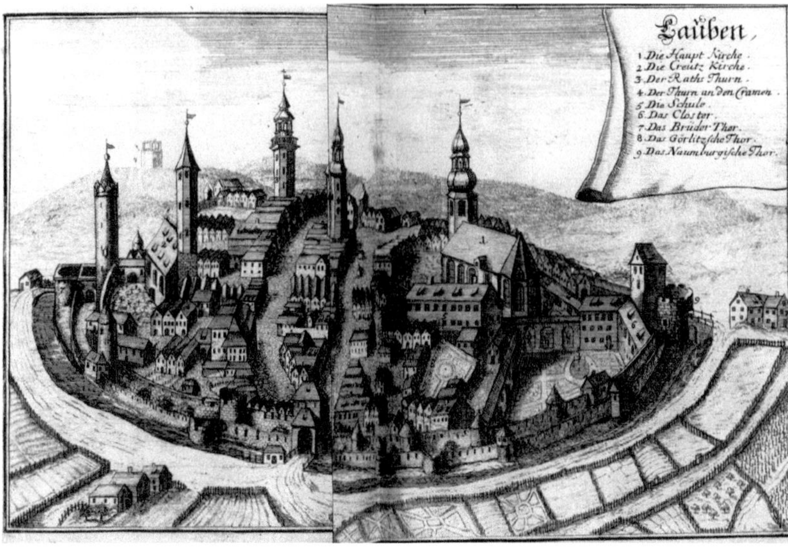

Abbildung 13: Lauban (polnisch Lubań). Kupferstich aus Samuel Grosser, Lausizitsche Merckwürdigkeiten.. Leipzig und Budißin 1714. Teil 3, S. 80
Wincklers Stadt seiner Jugend und eine Stadt für seine elektrischen Spektakel. Die Hauptkirche St. Trinitatis rechts im Bild, davor das zweistöckige Schulgebäude, das Winckler 10 Jahre lang besuchte. Der Autor und Gymnasialdirektor Samuel Grosser aus Görlitz hat sich mit seinen Beschreibungen viel Mühe gemacht, die der umfängliche Buchtitel von der Ausdehnung eines Klappentextes erahnen lässt:
Samuel Grosser, Lausizitsche Merckwürdigkeiten Darinnen von Beyden Marggraffthümern in fünff unterschiedenen Theilen Von den Wichtigsten Geschichten, Religions = und Kirchen = Begebenheiten, Regiments = Verfassung, Beschaffenheit der Schulen und LITERATUR, Landes = Art und Fruchtbarkeit, Wie auch Gewerben, Handthierungen und Commercien, zugängliche Nachricht gegeben, Mit gehörigen Documenten und Anmerckungen bestärcket, Wie auch gehörigen Kupffer = Blättern erläutert worden, von Samuel Großern, Des Görlitzischen Gymnasii Rectore, und der Königl. Preußischen Societät der Wissenschafften Mit = Gliede.

Läufften die von Adel an sich gebracht haben, so würde sie deren vorhergehenden drey Sechs = Städten nichts nachgeben«.[23]
Die »Sechsstadt Lauban« wurde so genannt, weil sie zum Oberlausitzer Sechsstädtebund gehörte, der zur Bewahrung des Landfriedens 1346 gegründet worden war (Bautzen, Görlitz, Kamenz, Lauban, Löban, Zittau). Sie wird nicht viel mehr als 4 000 Einwohner gehabt haben.

Adliges Publikum, Elektrisierer überall

Der Streit zwischen Bose und Winckler drehte sich bei aller von Neid erfüllter persönlicher Feindschaft vor allem um den wissenschaftlichen Wert von öffentlichen Vorführungen weitab von universitären Gefilden und weitab von der eigentlichen wissenschaftlichen Wirkungsstätte. Winckler hat in den langen Vorreden seiner drei Bücher, die zwischen 1744 und 1746 erschienen sind, immer wieder betont, wie wichtig ihm sein adliges Publikum für die Propaganda seiner Forschungen gewesen ist. Zum Beweis seines Erfolgs hat er auch diejenigen benannt, die über seine direkte oder indirekte Vermittlung selbst zu Elektrisierern geworden waren und sich Elektrisiermaschinen schicken ließen.

Die Aufmerksamkeit von Exzellenzen für seine spektakulären Darbietungen waren für Winckler die denkbar höchste Form der Anerkennung, die er sich als Wissenschaftler aus einfachen Verhältnissen erträumen konnte. Gemessen an seiner klaren Wissenschaftssprache klingen seine geschraubten Vorreden wie eine Satire aus dem Mund eines Hofschranzen. Abgesehen vom gekitzelten Ego waren es wahrscheinlich weniger die vom Adel nach unsicherem Belieben vergebenen Geldspritzen, die Winckler zu seinem Feuerwerk an Ergebenheitsadressen getrieben haben, als die Aussicht auf Druckprivilegien, auf einen steigenden Absatz von Elektrisiermaschinen und auf bessere Arbeitsbedingungen an seiner universitären Wirkungsstätte. Wo sich höchste Würdenträger in der Öffentlichkeit zeigten, horchte die Presse auf. Eine Propaganda fast im Selbstlauf und mit einem unüberhörbaren Signal an die Neugier des Volkes: wenn Frau Gräfin oder ihre fürstliche Durchlaucht begeistert sind, dann ist der elektrische Funken ein ganz besonderes prickelndes Vergnügen. Vorführungen wie in Apels Garten gehörten zum Repertoire einer mit Gold durchwirkten Inszenierung gesellschaftlicher Macht, die die europäische Bevölkerung nicht nur in den nicht enden wollenden Erbfolgekriegen ruinierte.

Die ritualisierten Ehrerbietungen waren ein Spiegelbild der fein abgestuften Ständegesellschaft, die über eine Tischordnung oder die angemessene Reihenfolge beim Betreten eines Gebäudes in einen erbitterten Streit geraten konnte. Sie wurden von den Adressaten argwöhnisch beäugt und zum Beweis ihres ewig unantastbaren Standes verlangt. Ich kann mir den Professor Winckler der Vorreden im Angesicht der Exzellenzen nur in einem unterwürfig gebeugten Rückwärtsgang vorstellen, denn ein allzeit erhobenes Haupt konnte nur ein gekröntes sein. Der devotionale Überschwang der Wissenschaftler der frühen deutschen Aufklärung angesichts der feudalen Macht war ein Ausdruck fehlender Selbstachtung, und er ließ jeden rebellischen Geist vermissen. Man hätte ihnen ein wenig von der politischen Aufmüpfigkeit und philosophischen Impertinenz der französischen Aufklärer gewünscht.

Die deutsche Aufklärung wurde zwar ausgebrütet, aber sie schlüpfte mit gestutzten Flügeln und einem religiös gefesselten Untertanengeist, der ihren Flugversuchen jeden Schwung genommen hat. Ihre Protagonisten in der deutschen Kleinstaaterei steckten noch in einem klerikalen Korsett, aus dem sich einige Theologen zur Lobpreisung Gottes in das Studium der Natur flüchteten. Der aufgeklärte Teil des Adels entzog sich dem rechthaberischen Gezänk der Theologen über ein gottesfürchtiges Leben als Durchgangsstation ins Jenseits, das seine Standesprivilegien nicht in Frage stellte. Er übte sich in religiösen Lippenbekenntnissen und war modern nur, wenn er den Naturwissenschaften und Manufakturen auf die Sprünge half. Graf von Manteuffel ist dafür ein gutes Beispiel.

Wenn es um die Sache geht, ist Wincklers Sprache, der Mitglied der *Deutschen Gesellschaft* war, wie verwandelt. Selbstbewusst, direkt und unverkrampft beschreibt er präzise viele Einzelheiten seiner Versuche. Sie braucht den Vergleich mit englischen und französischen naturwissenschaftlichen Texten seiner Zeit nicht zu scheuen und ist ein frühes Dokument einer klaren deutschen Wissenschaftssprache. Gerade deshalb wirken heute seine Vorreden, in denen er sich in übersprudelnder Devotion zu einem Winzling degradierte, noch unerträglicher. Jacob Burckhardt kommentierte aus Basel in seinen *Weltgeschichtlichen Betrachtungen* eine solche Haltung, bei der Selbstverkleinerung angesichts »historischer Größe« eine Rolle spielt, kurz nach der Gründung des Deutschen Reiches mit giftiger und prophetischer Schärfe:

»Unsern Ausgang nehmen wir von unserem Knirpstum, unserer Zerfahrenheit und Zerstreuung. Größe ist, was *wir nicht* sind. Dem Käfer im Grase kann schon eine Haselnußstaude (falls er davon Notiz nimmt) sehr groß erscheinen, weil er eben nur ein Käfer ist. … Ferner entdecken wir in uns ein Gefühl der unechtesten Art, nämlich ein Bedürfnis der Unterwürfigkeit und des Staunens, ein Verlangen, uns an einem für groß gehaltenen Eindruck zu berauschen und darüber zu phantasieren. Ganze Völker können auf solche Weise ihre Erniedrigung rechtfertigen, auf die Gefahr, daß andere Völker und Kulturen ihnen später nachweisen, daß sie falsche Götzen angebetet haben«.[24]

In seinem Bemühen, etwas von der Aura des Adels für sich zu reklamieren, nennt Winckler auch einige, die nicht nur das Schauspiel genießen und sich verblüffen oder erschrecken lassen wollten, sondern auch solche, die selbst ein wissenschaftliches Interesse hatten oder sich als Sponsoren von Wissenschaftlern einen Namen gemacht hatten. Es waren im zersplitterten feudalen Deutschland eher die Herrscher über kleine Territorien und nicht selten deren Frauen, die einem aufklärerischen Impetus folgten. Ich werde bei ihrer Vorstellung durch Winckler etwas näher auf sie eingehen, weil sie in ihrem Dilettantismus oftmals die Nase vorn hatten und Projekte der experimentellen Physik verwirklichten, von denen die Professoren unter den erbärmlichen Bedingungen an ihren Universitäten nicht einmal zu träumen wagten.

Gemessen an der Zahl der Adligen, die sich durch Winckler ergötzen ließen, ist die Zahl der Bürger, die sich selbst als Experimentierer auf das Elektrisieren stürzten, bescheiden. Es sind auffallend häufig Theologen in der Provinz, einige Ärzte und Physiker, aber auch ein Musiker ist darunter. Sie traten manchmal in den Austausch über ihre Erfahrungen, stellten Fragen und machten Vorschläge zur Verbesserung. Jedenfalls waren sie nicht Zuschauer, sondern aktive Teilnehmer an diesem Flächenbrand, der in Deutschland die letzten Winkel der Provinzen mit elektrischem Feuer belegte. Winckler hatte seine Experimente so genau beschrieben, dass es mit den passenden Gerätschaften ein Leichtes war, sie nachzuahmen.

Auch Bose hat Experimente vor ausgesuchtem Publikum vorgeführt und gelegentlich ein paar Namen fallen lassen. Am bekanntesten sind die der Markgräfin Friederike Luise von Brandenburg – Ansbach und der Gräfin von Brühl, die möglicherweise selbst den elektrischen Kuss zu fühlen bekam. Friederike Luise war eine Schwester des späteren Friedrichs des Großen, die Gräfin von Brühl die Frau des für sein verschwenderisches Leben gefürchteten sächsischen Kabinettsminister Heinrich von Brühl. Bose hat ihnen ein Gedicht gewidmet, das Debatten über die Zulässigkeit poetischer Überhöhung und erotischer Spannung von wissenschaftlich so ernsten Fragen wie die Elektrizität auslöste. In *Die Electricität nach ihrer Entdeckung und Fortgang mit Poetischer Feder entworffen* wird die Markgräfin angehimmelt und geduzt: »Ihro Königlichen Hoheit Der Durchlauchtigsten Frauen Frauen Friderica Louise Gebohrnen Königlichen Printzeßin von Preussen Vermählten Markgräfin von Brandenburg Anspach Meiner Gnädigsten Marggräfin und Frau. Durchlaucht'ste Marggräfin, da Deine Hoheit Sich so weit erniedriget, und unvermuthet mich Durch Deine Gegenwart unendlich hoch erfreuet,

Steigt meiner Wunder Krafft, wie sich mein Glück verneuet«....Geduzt wird auch die Gräfin von Brühl. Die Hoheiten müssen sich erniedrigen, um mit dem Herrn Professor zu reden, der sich darob hoch erfreut zeigt und in eine distanzlose Kumpanei des Du verfällt, die peinlich wirkt.

Bose wollte aber vor allem mit seinen ausländischen Korrespondenten und wissenschaftlichen Gesellschaften punkten. Wincklers Vorreden, denen ich die Namen der Interessenten entnommen habe, legen die Spuren der Neugier auf das elektrische Spektakel bis in die hintersten Winkel der deutschen Kleinstaaterei, in nordische Königshöfe und ins Zentrum der Wissenschaft der *Royal Society* in London. Ich werde Zuschauer und aktive Elektrisierer kurz charakterisieren, so dass Sie sich das vom Adel dominierte Publikum und die bescheidene wissenschaftliche Öffentlichkeit der Bürger in groben Umrissen vorstellen können.

Gedanken von den Eigenschaften, Wirkungen und Ursachen der Electricität (1744)

Für Winckler begann die Faszination in der Runde der sonntäglichen Mittagstafel bei Graf von Manteuffel. Der Leipziger Professor für Mathematik *Christian August Hausen* (1693–1743) und Winckler hätten die Gnade gehabt, »an der Tafel Sr. Excellenz, des Königlich Pohlnischen und Curfüstl. Sächsischen Cabinetts- und Staats-Ministers, Herrn Grafen von Manteufel, Sonntags mit einander zu speisen«, woran »Se. Hochgräfliche Excellenz ein besonderes Vergnügen haben, auch auf die Electricität«. Der Vortrag Hausens habe ihn zu vielem Nachdenken angeregt, aber richtig in die Startlöcher war Winckler gekommen (»begierig«), als er merkte, wie sehr Seine Exzellenz an dem Thema interessiert war. 14 Tage habe er gebraucht, um in seinem »Experimental-Collegio« alle Versuche zu zeigen, die ihm bisher aus den Versuchen des Leidener Physikprofessors *Pieter van Musschenbroek* (1692–1761 bekannt geworden waren.[25] Wenig später starb Hausen, aber der Leipziger Papst der deutschen Literatur, *Johann Christoph Gottsched* (1700–1766) sorgte nach seinem Tod für die Veröffentlichung von *Novi Profectus in Historia Electricitatis* (Neue Fortschritte in der Geschichte der Elektrizität) mit dem berühmten Frontispiz der Elektrisierung eines Knaben (Abbildung 14).[26]

Der Ruf des Professor Hausen schallte bis an den königlichen Hof in Dresden, und es geruhte der *Prinz Xaverius* bei seinem Besuch der Ostermesse in Leipzig gnädigst kund zu tun, wie angenehm ihm die Bemühun-

Abbildung 14: Christian August Hausen, Novi profectus in historia electricitatis, post obitum auctoris. Quedlinburg 1743. Kupferstich
Das Frontispiz illustriert Stephen Grays »flying boy experiment« von 1730 im Charterhouse in London, einem ehemaligen Kartäuserkloster und damals Krankenhaus und Schule für 40 mittelllose Knaben. Der achtjährige Junge hängt an Seilen aus Seide, die ihn isolieren. Er wird elektrisiert, wenn der Mann die Füße an die mit der Hand in Rotation versetzte Schwefelkugel hält. Einmal elektrisiert kann der Junge mit der linken Hand Goldblättchen oder Federn anziehen, die bei Entladung wieder abfallen. Ein anderer Junge steht auf einer isolierenden Trommel. Wenn dieser den elektrisierten Jungen berührt, passiert gar nichts. Der Erwachsene hinter ihm steht auf dem Boden. Wenn dieser einen Finger des hängenden Jungen berührt, fliegen Funken. Die beiden Jungs dürften Schüler im Charterhouse gewesen sein. Winckler beschreibt den Werdegang der von Hausen in Leipzig eingeführten Elektrisierkugel, die das mühsame Handreiben an einer Glasröhre ablöste, gleich zu Beginn seiner *Gedanken von den Eigenschaften, Wirkungen und Ursachen der Electricität.*

gen der Gelehrten der Leipziger Universität wären. Er wurde von seinem Bruder begleitet. Die Prinzen waren 15 und 13 Jahre alt: *Xaverius Augustus* (1730–1806) und *Karl Christian* (1733–1796), Prinzen von Sachsen und Polen. Sie waren Söhne von Friedrich August II., Kurfürst von Sachsen. Xaverius übernahm 1763–1768 die Vormundschaft für Friedrich August III., lebte später in Frankreich als Comte de la Lusace (Graf von der Lausitz) und wollte sich – erfolglos – mit dem Titel eines Königs von Polen schmücken.[27] Xaverius war nicht sehr lernwillig oder -fähig. Die *Deutsche Biographie* beschreibt eindringlich seine nachlässige Handhabung des Soldatenhandwerks im Siebenjährigen Krieg und seine häufige Abwesenheit von der Truppe. Im Winter war er regelmäßig am Hof in Versailles zu finden.[28] Auch Karl Christian ließ wenig Interesse an geistiger Bildung erkennen. Winckler konnte sich also nicht auf aufgeweckte Köpfe berufen, denen wissenschaftliche Neugier zu bescheinigen gewesen wäre. Es ging einzig und allein um die Position der Prinzen, der er fast magische Kräfte zur Steuerung wissenschaftlicher Forschung zuschrieb:

»Die Bemühungen, welche man nach der Zeit auf die Erkenntnis dieser Sache gewendet, die etliche tausend Jahre verborgen gewesen, würden vielleicht unterblieben seyn, wenn nicht zween Durchlauchtigste Prinzen aus dem Königlichen Churhause Sachsen, denen Gelehrsamkeit und Künste gefallen, darüber ihr höchstes Vergnügen bezeigt hätten«.

Bei dem Treffen hatte auch der Herr Professor der Physik *Friedrich Menz* (1673–1749) die Ehre und Gnade, eine Erklärung abzugeben, die seiner Hoheit, dem Königlichen und Churprinzen und dem Prinzen Xaverius Königliche Hoheit ein ausnehmendes Vergnügen bereiteten. Menz war die meiste Zeit seines universitären Lebens Professor der Philosophie und der Poesie gewesen, bis er sich seit 1739 mit Experimentalphysik beschäftigte.

Auch seiner Exzellenz, dem Herrn Großkanzler von Polen, *Andrzej Stanislaw Zaluski* (1695–1758), haben die Vorführungen gefallen. Er ließ sich eine von dem Leipziger Mechanikus *Johann George Cotta* verfertigte Elektrisiermaschine nach Polen schicken. Zaluski war 1744 noch Bischof von Kulm, wurde 1746 Bischof von Krakau und damit auch Herzog von Severien in Oberschlesien. Er gründete mit seinem Bruder die Zaluski-Bibliothek in Warschau, eine der damals weltweit größten Bibliotheken.[29] Christian von Wolff (1679–1754) hat ihm zwei Bände seiner Moralphilosophie gewidmet, er hörte Vorlesungen von Johann Christoph Gottsched und besichtigte das Naturalienkabinett des Leipziger Händlers von Kobaltblau aus dem Erzgebirge, des Berg- und Kammerrates

Johann Christoph Richter (1689–1751), in dessen schlossähnlichem Gartenhaus mit Barockgarten. Es gibt einen opulenten Katalog aus dem Jahre 1743, das *Museum Richterianum continens fossilia animalia, vegetabilia marina*.

Der Geheime Rat Sachsens, *Christian Gottlieb von Holtzendorff* (1696–1755), praktisch der oberste Steuereintreiber, geruhte die dargebotenen Versuche vorab zu betrachten. Winckler war vom gesamten Ablauf und den gnädigen Worten so berauscht, dass »die Devotion, so ich Dero höchsten Personen schuldig bin, in mir besonders erreget.« Sie waren zuhause in seinen bescheidenen Privatgemächern. So hohe Prinzen aus dem Königlichen Haus. Und in Begleitung von »Sr. Excellenz, des Königlichen Pohln. und Churfürstl. Sächsischen Cabinets- und Staats-Ministers, Herrn Grafen von Wackerbarth; Sr. Excellenz, des Herrn Cron-Unter-Canzlers von Pohlen, Malakowski und anderer vornehmer und erlauchter Personen« (*Joseph Anton Gabaleon von Wackerbarth-Salmour* (1685–1761) und *Johann Malachowski* (1688–1762).

Die Anwesenheit der hohen Herrschaften bei den elektrischen Vorführungen waren der Hauptgrund für die Aufmerksamkeit von Presse und Öffentlichkeit. Die Propaganda lief über den Grafen von Manteuffel. Er schrieb an Freunde in Kopenhagen, und Winckler konnte eine Elektrisiermaschine liefern, wie auch an den Hof in Stolberg im Harz, nachdem sein Konsistorialrat Christian Gottlob Müller (1711–1786) vom Elektrisieren eines Menschen, der einen »gewissen Spiritum« angezündet habe, erfahren hat. Der gräflich Stollbergischer Konsistorialrat, der Verwalter des landesherrlichen Kirchenregiments, war der Sohn des Theologen, Dichters und Mitglieds in der *Deutschen Gesellschaft* in Jena, Karl Gotthelf Müller. Er könnte von den Experimenten sehr wohl von seinem Vater gehört haben. Die *Deutsche Gesellschaft* verfügte über ein weit verzweigtes Korrespondentennetz, und Gottsched in Leipzig, der Hausens Traktat über Elektrizität herausgegeben hat, war die Spinne im Netz.

Von Manteuffel sorgte auch für die Lieferung einer Elektrisiermaschine an den Herzog und die Herzogin von Sachsen-Gotha-Altenburg in Begleitung des Studenten der Theologie *Johann Andreas Holweg*, der sie ihnen zwei Monate lang auf Schloss Friedenstein in Gotha in einem eigens dafür eingerichteten Zimmer vorführen musste. *Herzog Friedrich III. von Sachsen-Gotha-Altenburg* (1699–1772) und besonders seine Frau *Luise Dorothea* (1710–1767), die die Versuche Wincklers sahen, gehörten zum aufgeklärten Teil des Adels. Die Herzogin korrespondierte mit Voltaire, Friedrich Melchior Grimm, Graf von Manteuffel, und Luise und Johann Christoph Gottsched. Thüringen war durch Erbteilung zu einem regelrechten Flickenteppich kleiner adliger Besitztümer geworden, die alle ein standesgemäßes Leben führen wollten. Schloss Friedenstein wurde zu einem gigantischen Barockpalast ausgebaut.

Als 1749 Wincklers Ehefrau starb, beteiligte sich der genannte Johann Andreas Holweg, nunmehr praktizierender Jurist und Notar, mit einem *Trauer-Gedichte auf das Ableben Frauen Johannen Christinen Winklerinn, gebohrnen Beerbauminn* an der Eloge auf die verstorbene Wincklerin, der Schneidertochter Johanna Christina Beerbaum. Wincklers Eloge auf seine Frau ist ein rares Dokument aus dieser Zeit. Er lobte seine Frau in höchsten Tönen nicht für häusliches Werkeln sondern als interessierte Mitarbeiterin seiner Versuche:

»Gleichwohl aber war meine Eheliebste dadurch, daß sie von der Zeit an, da ich die Electricität zu treiben angefangen, auf alle Versuche, die ich für mich angestellt, genau Achtung gegeben hatte, zu einer völligen Erkenntnis derselben gekommen. Wollte manchmal eine electrische Wirkung nicht erfolgen: so merkte sie leicht, was entweder bey der Veranstaltung fehlte oder hinderlich war. Hiernächst war sie darinnen glücklich, daß öfters ein Versuch, welchen ich, nach einer erhaltenen Beschreibung, nachmachen wollte, ihr eher gelung, als mir selber.«

Zur Hochform bei der Überhöhung von Würdenträgern, bei denen kaum ein wissenschaftliches Interesse anzunehmen ist, lief Winckler auf, als *Maria Anna,* die *Erzherzogin von Österreich* und »Gouvernanntinn der Österreichischen Niederlande« und ihr Gemahl »aus dem Heldenstamme von Lothringen«, »Se. Hochfürstliche Durchlauchtigkeit Prinz Carl« sein elektrisches Spektakel betrachteten. Maria Anna (1718–1744) war die jüngere Schwester Maria Theresias und nach vielen Widerständen erst kurz zuvor mit dem Generalgouverneur der Niederlande, *Karl Alexander von Lothringen* (1712–1780) verheiratet worden. Sie waren auf der Durchreise nach Holland. Maria Anna starb im Dezember 1744 in Brüssel nach einer Todgeburt im Kindbett. Karl spielte eine wichtige Rolle als Befehlshaber in den Österreichischen Erbfolgekriegen.

Auch der ungarische Gesandte Graf Esterhazy hatte die Vorführungen Wincklers gesehen. Es war *Nikolaus Graf Esterhazy von Galantha* (1711–1764), der österreichisch-ungarische Gesandte am Dresdner Hof. In einem Brief des Grafen Podewils an Friedrich II. von Preußen vom 27. Dezember 1747 wurde dem Charakter dieses Gesandten ein möglicherweise interessegeleitetes vernichtendes Zeugnis ausgestellt: ausschweifend, oberflächlich, wortbrüchig, religionsverachtend, ein liederlicher und gemeiner Umgang mit Frauen. Bei seinem Weggang aus Dresden hinterließ er 15000 Gulden Schulden, die vom Kaiser beglichen wurden.[30] Es war in diesen Kreisen von typischen Grandseigneurs des 18. Jahrhunderts eben schick geworden, sich Wincklers Experimente vorführen zu lassen.

Der sächsische Kanzler und Oberhofrichter *Erasmus Leopold von Gersdorff* (gest. 1755) hat die Versuche zusammen mit dem Leipziger Medizinprofessor und Direktor des Botanischen Gartens *Augustin Friedrich Walther* (1688–1746) verfolgt. Erasmus Leopold von Gersdorff war zur Leipziger Messe angereist, um cinc umfängliche Denkschrift zur Kontrolle und Einschränkung des jüdischen Handels vorzubereiten.[31] Wincklers gesteigerte Aktivitäten zu Messezeiten zielten auf solche Besucher, die das elektrische Spektakel einfach als erregende Erfahrung mit nach Hause nahmen und weitererzählten. Bei von Gersdorff konnte er auf Mundpropaganda im kurfürstlichen Beamtenapparat rechnen.

Die Eigenschaften der Electrischen Materie und des Electrischen Feuers (1745)

Als Winckler Lauban besuchte, wo er seine Schulzeit verbracht hatte, waren seine elektrischen Versuche Stadtgespräch. Im nahe gelegenen Hirschberg, einem Kurort für Adlige, konnte er vor 30 Badegästen und dem Kurarzt *Johann Ehrenfried Thebesius* eine abgespeckte Version seiner Versuche vorführen, worüber insbesondere der »regierende Herr Graf« von Schafgotsch dero Vergnügen zu erkennen gegeben habe. Der schlesische *Carl Gotthardt Graf von Schafgotsch* (1706–1780) war Obersthofrichter im Königreich Böhmen. Nach Winckler war er auch »Coadjutor Sr. Eminenz des Herrn Cardinals von Zinzendorf«. Ein Koadjutor ist der Gehilfe eines Bischofs. Bei dem Kardinal handelt es sich um Philipp Ludwig von Sinzendorf (1699–1747), der von Kaiser Karl VI. gegen den Widerstand des Breslauer Domkapitels als Weihbischof durchgesetzt worden war, und der sich im Ersten Schlesischen Krieg, nachdem Schlesien an Preußen gefallen war, schnell auf Friedrich den Großen eingestellt hatte. Graf von Schafgotsch verdankte seine Stelle beim Bischof ihm. Der Bischof verbot seinen Katholiken, die Protestanten zu verketzern. Sie sollten christlich mit einander umgehen.[32]

Fürst von Fürstenberg samt Gattin und Kindern hat er im August 1744 elektrische Versuche vorgeführt. Ihre beiden Söhne studierten an der Leipziger Universität. *Joseph Wilhelm Ernst zu Fürstenberg-Stühlingen*

(1699–1762) war mit kurzer Unterbrechung von 1735 bis 1748 kaiserlicher Prinzipalkommissar, also Vertreter des Kaisers am Immerwährenden Reichstag zu Regensburg.

Zur Michaelismesse Ende September 1744 konnte Winckler sein Können dem Geheimen Rat und Oberkonsistorialpräsidenten *Graf von Holtzendorff* (s.o.) und dem Churfürstlich sächsichen Konferenzminister Graf von Rex (*Carl August von Rex* 1701–1768) in Anwesenheit zahlreicher Damen des Hofes beweisen. Es waren Versuche, »wodurch das electrische Feuer aus Wasser, Metallen und Menschen hervorgebracht wurde« oder wie ein besonders starker Funke aus einem Bierglas erzeugt werden konnte.

Auch der Professor für Poesie und Beredsamtkeit *Johann Matthias Gesner* (1691–1761) aus Göttingen hat zur Michaelismesse 1744 einen Abend bei Winckler verbracht. Er hatte selbst in Göttingen zusammen mit dem Professor für Naturlehre und Mathematik *Johann Andreas von Segner* (1704–1777) und dem Professor für Logik und Metaphysik *Samuel Christian Hollmann* (1696–1787) »lange Zeit hindurch wöchentlich etliche Stunden« elektrische Versuche durchgeführt und »umständlich aufgeschrieben«. Segner und Hollmann setzten diese Versuche mit Albrecht von Haller fort. Hollmann hielt in Göttingen auch von Offizieren und Adligen frequentierte Vorlesungen über experimentelle Physik, deren Grundlinien er 1742 veröffentlicht hatte.[33] Damals war er noch beim Magnetismus stehengeblieben.

Hans Erich Graf von Löser (1704–1763), Geheimer Rat und Erbmarschall von Sachsen, mit dem Winckler zwei Tage lang Versuche machte, gehörte zu den Adligen, die aus großem wissenschaftlichen Interesse ihre erheblichen Mittel zu eigener Forschung einsetzten oder wie hier, sie bereitwillig für einen armen Professor zur Verfügung stellte. Als Erbmarschall war er in der zeremoniellen Hierarchie Kursachsens hoch angesiedelt. Der Erbmarschall ritt bei den Krönungsfeierlichkeiten mit gezogenem Schwert vor dem Kurfürsten, stand während der Krönungsmesse zur seiner Rechten und überreichte ihm anschließend das Schwert. An Reichstagen hatte er für die Ankunft des Fürsten den bis ins Einzelne vorgeschriebenen zeremoniellen Ablauf zu regeln und Quartiere zu besorgen.[34] Graf von Löser hat mit Winckler während der Michaelismesse 1744 über die Ursachen der Elektrizität ausführlich diskutiert, und der Graf ließ auf Wincklers Bitte von seinem Mechaniker *Johann Gottfried Zimmer* eine Maschine anfertigen, mit der man im luftleeren und »luftvollen« Raum Versuche anstellen konnte. Löser schickte seinen Mechaniker zusammen mit der gewünschten Maschine zu Winckler, und sie verbrachten einige Tage mit Versuchen, bei denen sie fanden, »daß sich die Electricität im luftleeren Raume vollkommen erregen läßt«. Der Graf war Besitzer eines barocken Wasserschlosses in Reinharz / Bad Schmiedeberg in Sachsen-Anhalt im Naturpark Dübener Heide und war gerade dabei, das Jagdschloss auszubauen und den Turm auf 68 Meter zu erhöhen, um eine Sternwarte einzurichten. Seine Mechaniker Johann Gottfried Zimmer, Johann Daniel Gärtner, Johann Siegmund Merklein und der Uhrmacher Johann Andreas Lehmann stellten in eigener mechanisch-optischen Werkstatt des Schlosses unter seiner Anleitung verbesserte wissenschaftliche Geräte her – Fernrohre, Spiegelteleskope, Sonnenuhren, Pyrometer (Temperaturmessung bei hohen Temperaturen), Schrittzähler u.a., die zum Teil im Mathematisch-Physikalischen Salon des Dresdner Zwingers zu sehen sind.[35] »Das 1766 erschienene Verzeichnis der auf Reinharz befindlichen Instrumente umfaßt 50 optische, 22 mathematische, 66 zur allgemeinen Physik und Ökonomie zählende und 30 anatomische Stücke«. Graf von Löser pflegte intensive Kontakte zu einem der einflussreichsten Staatsmänner in Kursachsen, zu Heinrich Graf von Brühl und zum Dichter und Moralphilosophen Christian Fürchtegott Gellert in Leipzig, der oft Gast in Reinharz war. Auch Graf von Manteuffel besuchte ihn dort.[36]

Der Holländische Gesandte am Chursächsischen Hof, *Cornelis Calcoen* (1696–1764), war erst 1744 nach fast zwanzig Jahren als Gesandter der Generalstaaten am osmanischen Hof in Istanbul in Dresden akkreditiert, als Winckler ihm während der Ostermesse 1745 in größerer Gesellschaft Versuche mit seiner aus vier Kugeln bestehenden Elektrisiermaschine und Leitung durch einen Draht, der durch das Zimmer und durch Türen geführt wurde, zeigen konnte.

Winckler hielt sich an die »gießingische Elektrisiermaschine«, die großen Anklang gefunden hat und in alle Himmelsrichtungen verschickt wurde. Sie war eine Entwicklung des Leipziger Drechslers *Johann George Gießing*, der die Verwendung von ledernen, mit Rosshaaren gefüllte Kissen zur Reibung der vier Glaskugeln der Winckler'schen Maschine vorgeschlagen hat.[37]

Sie wurde unter Vermittlung des Legations- und Geheimen Rats in Hannover *Ludwig Julius von Schrader* (1685–1765) sogar nach England verschickt. v. Schrader stand in intensivem Kontakt zu Albrecht von Haller in Göttingen, damals noch Albrecht Haller und Professor für Anatomie, Chirurgie und Botanik, wurde zum Promotor für britische Studenten in Göttingen und wenig später Sekretär und Bibliothekar des

Prince of Wales in London.[38] Diese winzige Elektrisiermaschine Wincklers sollte nach Aussagen des Präsidenten der *Royal Society, Martin Folkes* (1690–1754), der Gesellschaft zu eigenen Versuchen dienen. Folkes hat den experimentellen Teil von Wincklers Abhandlung ins Englische übersetzen lassen. Dieselbe Miniaturmaschine ging noch an das physikalische Kabinett der Herzogin von Sachsen-Gotha-Altenburg (Prinzessin *Luise Dorothea von Sachsen-Meinigen* 1710–1767) und eine weitere an deren Freunde in Kopenhagen. Die Herzogin war gebildet und korrespondierte mit bekannten Größen der Aufklärung.

In Kopenhagen ließen sich *Christian VI. König von Dänemark und Norwegen* (1699–1746) und die Königin *Sophie Magdalene von Brandenburg-Kulmbach* (1700–1770) vom Mathematikprofessor *Christen Hee* (1712–1781) im Dezember 1744 und im März 1745 eine ganze Palette von elektrischen Versuchen zeigen. Sie haben sich auch selbst elektrisieren lassen. Die Königin war hochmütig und verschwenderisch, trotzdem pietistisch, und sie lernte niemals dänisch. Deutsch war Hofsprache.

Georg-August Graf zu Erbach-Schönberg (1691–1758) im Odenwald ließ von einem Liebhaber der Physik, Herrn Schneider, die Wincklerische Elektrisiermachine nachbauen. Der Physikliebhaber ist wahrscheinlich *Daniel Schneider*, der damit beauftragt worden war, die Stammtafel, Geschichte und Geographie des Erbach'schen Hauses herauszugeben.[39]

Mit seiner Maschine musste Herr Schneider nach Darmstadt reisen, um die »Hochfürstliche Durchlauchtigkeit« zu beglücken. Dieser wollte »diese Merkwürdigkeiten weiter betrachten« und eine neue Maschine bauen lassen. Bei der Hochfürstlichen Durchlauchtigkeit kann es sich nur um den Fürstbischof von Augsburg handeln, um *Joseph Ignaz Philipp von Hessen-Darmstadt* (1699–1768), denn regiert wurde Darmstadt nicht von einem Fürsten, sondern von Ludwig VIII. Landgraf von Hessen Darmstadt (1691–1768), der wegen seiner Jagdleidenschaft und seinen Parforcejagden bei der Bevölkerung berüchtigt war. Der an Gicht kränkelnde Fürstbischof war im Anschluss an eine Kur in Karlsbad mit von Manteuffel in Leipzig zusammengetroffen und hatte sich von Winckler die elektrischen Versuche vorführen lassen.[40] Er war in Leipzig inkognito unter dem Namen eines Grafen Isenburg eingetroffen, was dafür spricht, dass er mit von Manteuffel hochpolitische Fragen zu diskutieren hatte, die mit dem schlesischen Krieg zu tun haben könnten. Warum wählte er als Decknamen gerade »Graf von Isenburg«? Vielleicht wollte der Fürstbischof nicht als Katholik unter Beobachtung gestellt werden, als er mit von Manteuffel zusammentraf, dessen zwielichtige Rolle als Doppelagent

Preußens und Wiens bekannt war. Graf Isenburg schien unverdächtig, er hatte der pietistischen Herrnhuter Brüdergemeinde des Ludwig Graf von Zinzendorf aus der Oberlausitz Kloster Marienborn bei Büdingen überlassen, nachdem sie aus Sachsen vertrieben worden waren.

In Stockholm haben sich ihre Königliche Hoheiten, der König und sein Thronfolger vor allem daran ergötzt, dass ein vom Professor der Physik *Samuel Klingenstirna* (Klingenstjerna 1698–1765) elektrisierter Eiszapfen *spiritus vini*, Weingeist entzünden konnte. Klingenstjerna war Professor in Upsala und hatte schon 1740 eine *Dissertatio de electricitate* veröffentlicht. Beim König handelt es sich um *Friedrich von Hessen-Kassel* (1676–1751), unter dessen Regierung Schweden seine Präsenz im Baltikum, in Pommern und Dänemark einbüßte. Sein Thronfolger *Adolf Friedrich von Holstein-Gottdorf* (1710–1771) war erst kurz vor der Darbietung, am 23. Juni 1743 zum Nachfolger bestimmt worden. Beide, König und Kronprinz, galten als vergnügungssüchtig.

Winckler erhielt nach der Drucklegung seines ersten Werkes zahlreiche Briefe, die ihn weiter anspornten: von *Baron von Welling,* Kapitän der Königin von Ungarn und Kammerherr der verwitweten Herzogin von Braunschweig-Wolfenbüttel (Christine Luise von Oettingen, Herzogin von Braunschweig-Wolfenbüttel (1671–1747). Baron von Welling wies ihn auf die Ähnlichkeit der »elektrischen Materie« mit der des Nordlichtes hin, was ein Hinweis sein könnte, dass er aus dem schwedischen Adelsgeschlecht Vellingk stammt. Ein weiterer Brief kam von *Heinrich XXIII. Graf Reuß zu Köstritz* (1722–1787) bei Gera:

Seine »Hochreichsgräfliche Gnaden ... überschrieben mir, nach einiger Zeit, da dieselben nebst der Hochgebohrnen *Gräfinn von Platen*, des Großbritannischen und Hannoverischen Kammerherrns und Geheimen Kammeraths Herrn *Grafens von Bülow* Frauen Gemahlinn, die electrischen Versuche bey mir gesehen hatten, einige Zweifel, worauf sie bey verschiedenen Sätzen in meiner Abhandlung gekommen waren. Und der Herr D. Wolf, Hochreichsgräflicher Reußischer Hofrath, ersuchte mich in einem Schreiben aus Lausanne um eine Erklärung um einige Stellen, die einem Liebhaber der physicalischen Experimente, welcher die Abhandlung in das Französische übersetzte, dunkel geschienen hätten«.

Bei dem Hofrat handelt es sich um Dr. jur. Georg Christian Wolff (1702–1772), einen Pastorensohn, der an der Fürstenschule in Meissen, später in Leipzig und Wittenberg studierte, und Hofmeister des Grafen Reuss in Köstritz und seit 1741 sein Hofrat war. Nach ausgedehnten Reisen in England und Frankreich als Begleiter des Grafen betätigte er sich auch als Übersetzer, u.a. von Jonathan Swift.[41] 1728 war er der prosaische Preisträger der Deutschen Gesellschaft für eine Rede zur Frage Worinnen die höchste Glückseligkeit eines Hohen Regenten bestehe? 1748 ist tatsächlich eine Übersetzung von Wincklers Eigenschaften von der Electricität in Paris erschienen, für die er allerdings selbst als M.F.H. (Magister Facultatis Heinrich) Winckler verantwortlich zeichnete.[42]

Der hannoversche Oberkammerherr *Ernst August Graf von Bülow* und seine spätere Frau *Anna Clara Gräfin von Kielmannsegg* gehörten zu den wenigen Adligen, die nach der Vorführung Wincklers brieflich Fragen stellten und Zweifel äußerten. Graf von Bülow war ein Genussmensch und lebte in Saus und Braus.

In Stettin hat die Alethophile Gesellschaft (Gesellschaft der Wahrheitsliebenden) unter Anleitung des Hofrats Gohr elektrische Versuche unternommen. Diese Gesellschaft war 1736 von Graf von Manteuffel in Berlin zusammen mit Johann Gustav Reinbeck (1683–1741) gegründet worden, mit dem Ziel, der Wolff'schen Philosophie zum Durchbruch zu verhelfen. Die Gesellschaft hatte ihren Sitz 1740 von Berlin nach Leipzig verlegen müssen, nachdem von Manteuffel aus Preußen ausgewiesen worden war, mit Dependancen in Weißenfels (Sachsen-Anhalt) und Stettin. Gohr hatte 1744 einige Versuche bei Winckler in Leipzig gesehen und sie nun im Beisein des Burggrafen und Oberhofmeisters der preußischen Königin, Graf von Dohna, in Stettin wiederholt. Albrecht Christoph Graf zu Dohna (1698–1752) war als Ehrenmitglied aufgenommen und gerade Mitglied der Berliner Akademie der Wissenschaften geworden. Hofrat Johann Wilhelm Gohr (1706–1745) korrespondierte regelmäßig mit Gottsched in Leipzig.[43]

Die Alethophilen nahmen auch Frauen auf. Luise Marianne von Münchhausen (1719–1778), eine Tochter des Grafen von Manteuffel, war eine von ihnen. Sie und ihr Mann Ferdinand von Münchhausen (1719–1780), Landdrost in Braunschweig, ein mit umfassenden Vollmachten ausgestatteter Vertreter seines aufgeklärten Landesherrn Herzog Karl I., und beide eng befreundet mit Gottsched, haben sich nach einer Demonstration in Leipzig eine Elektrisiermaschine nach Braunschweig schicken lassen.[44]

Der Dechant und »residirende Prälat« *Ewald Georg von Kleist* in Cammin (1700–1748) in Hinterpommern, das zu Preußen gehörte, hat sich eine Elektrisiermaschine machen lassen, die auf vier gläsernen Füßen ruht. Den Vorteil dieser Maschine beschrieb von Kleist in einem Brief an Winckler so: Man kann sich mit ihr selber elektrisieren; dazu bewegt man mit einem Fuß den Tritt zur Drehung der Elektrisiermaschine, während der andere auf einem über ein Viereck gespanntem seidenen Netz ruht.

Selbst ein Musiker hat sich mit Elektrizität so intensiv beschäftigt, dass er einen eigenen Entwurf einer Elektrisiermaschine verwirklichte, mit der eine einzige Person acht konische Gläser zugleich elektrisieren konnte. Es war der Fürstlich-sächsische Kapellmeister und Organist an der Haupt- und Pfarrkirche in Wincklers Jugendstadt Lauban, *Christian Gottlieb Hellmund* (1722–1772), der seine mechanischen Kenntnisse vor allem in Holland erworben hatte und in Lauban eine Methode zum Golddruck auf Textilien etablierte.[45]

Mit der letzten der drei Veröffentlichungen Wincklers ändert sich das Bild. Während bisher die Versuche mit verschiedenen Ausführungen der Elektrisiermaschine dominierten, steht jetzt die Leidener Flasche im Mittelpunkt. Sie war die Initialzündung für eine sehr ernsthafte und über ihre Gewalt besorgte Beschäftigung mit der Elektrizität, und sie stellte den gesamten, aus althergebrachten Theorien zusammengewürfelten Apparat von Erklärungen über ihre Natur in Frage. Alle spürten, dass eine große Veränderung im Gange war, oft schmerzhaft am eigenen Leib. Es ist erstaunlich, wie schnell sich die Kunde von Musschenbroeks Experiment in ganz Europa, sogar bis nach Philadelphia verbreitete, wo Franklin seine bisherigen Aktivitäten als Publizist und Drucker aufgab, um sich ausschließlich dieser Flasche zu widmen.

Die Stärke der Elektrischen Kraft des Wassers in gläsernen Gefäßen, welche durch den Musschenbroekischen Versuch bekannt geworden (1746)

Es waren zwei Leipziger Größen, die Winckler zu seinem Demonstrationserfolg mit der Leidener Flasche in Apels Garten verhalfen. *Carl Friedrich Baron Kregel von Sternbach* (1717–1789) hat ihm nach einem Aufenthalt in Paris von den Versuchen Musschenbroeks berichtet und *Ernst Christoph von Manteuffel* (1676–1749), in den Worten Wincklers, »des Königl. Pohlnischen und Churfürstl. Sächsischen Staats= und Cabinetsministers und Ordensritters, des Herrn Grafens von Manteufel Exzellenz«, hat die Neugierde der königlich-sächsischen Familie für eine Vorführung in Apels Garten geweckt. Graf von Manteuffel steuerte aus seinem Palais zum Kurprinz am Roßplatz das Netzwerk der Anhänger des Philosophen Wolff. Dort war Winckler in einer Runde von Gelehrten immer sonntags zum Mittagessen zu Gast. Baron von Kregel war der Enkel des Leipziger Wollgroßhändlers, Baumeisters, Ratsherrn und Gutsherrn Johann Ernst Kregel, der 1697 von August I. von Sachsen in den Reichsadelsstand erhoben worden war. Er wurde zum Stifter der Thomasschule und initiierte den Bau des Hospital-, Zucht- und Waisenhauses, des sogenannten Georgenhauses am Brühl , und er war beteiligt am Silberbergbau im Erzgebirge. Carl Friedrich wird große Teile seines Vermögens testamentarisch der Universität Leipzig vermachen.

Winckler wurde zu einer Anlaufstelle für Nachrichten aus der Provinz. So beschrieb ihm der Diakon von Golsen (Golßen) in der Niederlausitz, *Johann Conrad Mönch,* Versuche, die Winckler veröffentlichte (S. 10, 11, 59), und »verschiedene Gelehrte in Sachsen, Schlesien und Pommern« schilderten ihm ihre Experimente. Er erfuhr von Musschenbroek'schen Versuchen in Paris, Danzig und Breslau. Am St. Elisabeth Gymnasium in Breslau war es der Mathematiklehrer *Christian Gottlieb Habicht,* der an sich und an einem Gymnasiasten sehr gefährliche Versuche unternommen hat.[46] Ein Herr M. Speiser aus Freyburg/Unstrut hat ihm in einem Brief erzählt, wie er Handwerker elektrisierte, die sich danach fühlten, als hätten sie einen halben Tag gearbeitet. Es war der Magister *Johann Christoph Speiser,* der 1741 in Wittenberg die Magisterwürde und den poetischen Lorbeerkranz erhielt. 1746 war er Vikar in Freyburg.[47]

Winckler erwähnt das aufsehenerregende Experiment des Wiener Physikprofessors und Jesuiten *Joseph Franz* (1704–1776) mit Metallstangen von »5300 Wienerschuhen« Länge vielleicht nur, um mit der Verbindung zu einer weiteren königlichen Hoheit in geschraubter Devotion punkten zu können, weil »des Prinzen Carl Königliche Hoheit haben dabey gegen Ihro Kaiserliche Majestäten derer Versuche Erwehnung zu thun geruhet, welche höchst dieselben mit dehro Gemahlinn Königlicher Hoheit 1744 in Leipzig gesehen und betrachtet haben«. Franz hatte mit seinen durch die Wiener Straßen geführten Metallstangen bewiesen, dass sich die Elektrizität auch über sehr große Entfernungen transportieren lässt (5300 Wienerschuh entsprechen ca. 1675 Meter).[48]

Es wird immer wieder diskutiert, ob der Prälat *Ewald Georg von Kleist* (1700–1748) in Camin nicht der eigentliche Erfinder der Leidener Flasche gewesen sei. Die meisten Historiker stützen sich dabei auf Winckler. Er liefert aus den Briefen von Kleist an ihn einen genauen Ablauf, wie Kleist seine Entdeckung bekannt gemacht und von wem er keine positive Antworten über geglückte Versuche erhalten hat (S. 3): Dazu gehören der Mediziner und geübte Experimentator *Dr. Johann Nathanael Lieberkühn* in Berlin 1711–1756, der *Archidiakon Schwidlitzki* (richtig Paul Swietlicki) an der Kirche St. Johann in Danzig und wie Gralath Mitglied der dortigen naturforschenden Gesellschaft, der Medizinprofessor *Johann Gottlob Krüger* in Halle (1715–1759) und die Professoren der Liegnitzischen Ritterakademie, deren oberster Aufseher Generalmajor Karl Friedrich von Posadowsky ein alter Haudegen Friedrichs II. in den Schlesischen Kriegen war. Sie alle hatten keinen Erfolg. Erst *Daniel Gralath* (1708–1767) aus Danzig habe eine positive Antwort gegeben und darauf hingewiesen, dass die Flasche von demjenigen, der den Funken erzeugen will, in der Hand gehalten werden, der Experimentator also geerdet sein muss. Dieses entscheidende Detail hatte von Kleist nicht ausdrücklich erwähnt.

Zwei Wege zur experimentellen Physik: Bemerkungen zu den Biographien der Kontrahenten

Man muss sich das so vorstellen: Bis 1710 gab es an der Universität Leipzig nichts als scholastische Physik, Vorlesungen und Streitgespräche, in denen aus allgemeinen Grundsätzen, die meist von Aristoteles stammten, Aussagen über die Natur hergeleitet wurden. Der erste Professor für Naturlehre, der sich auch einen experimentellen Zugang eröffnete, war der Arzt Johann Christian Lehmann (1675–1739). Die Universität stellte keine Räumlichkeiten und keine Geräte für Experimente zur Verfügung. Lehmann brachte sie in einem Schuppen seines Gartens unter, Winckler zuhause, wo er zahlreichen Besuchern seine Versuche präsentierte.[49] Auch Boses ansehnliche Sammlung wissenschaftlicher Geräte lagerten in seinem Haus, als dieses unter Beschuss 1760 abbrannte. Bezahlt wurde oft aus eigener Tasche, gelegentlich gab es auf Antrag einen Zuschuss.

Die Experimentalphysik war an deutschen Universitäten um die Mitte des Jahrhunderts noch keineswegs als selbstverständlicher Studiengang etabliert, das Naturstudium so unbestimmt wie die unscharfe Trennung der naturwissenschaftlichen Fächer, die meist als Naturlehre firmierten. Ob es ein Studiosus zum Professor für Naturlehre oder Physik brachte, hing – wie heute auch – von vielen Zufälligkeiten, Empfehlungen, Beziehungen und persönlichen Vorlieben ab mit dem Unterschied der viel stärkeren Gewichtung der Herkunft. Bose studierte nach Privatunterricht in einem reichen Elternhaus in Leipzig von Anfang an Naturwissenschaften, Mathematik und Medizin. Für Winckler als klugem Jungen aus einfachen Verhältnissen in der Provinz gab es kaum eine Alternative zu einer theologischen und altsprachlichen Laufbahn, denn die öffentliche schulische Ausbildung lag fast ausschließlich in der Hand studierter Theologen. Ihr Werdegang war also sehr stark von ihren sozialen Ausganspunkten her mitbestimmt. Als Experimentierer waren sie zwar Professoren, aber zwangsläufig auch Privatpersonen, die ihre Forschung aus eigener Tasche bezahlen mussten, für Winckler ein besonders hartes Brot. Aber selbst der im wahrsten Sinn des Wortes gut betuchte Bose beklagte sich in seiner Erwiderung darüber, dass er 100 Gulden für Experimente ausgegeben habe.

Es ist sehr wahrscheinlich, dass sich die an den Universitäten betriebene experimentelle Physik noch nicht allzu sehr von der Physik der Dilettanten unterschied und die Geburtswehen der institutionalisierten Spezialisierung in der Naturkunde beim Streit eine Rolle spielten. Einzelne Initiativen aus adligen Kreisen wie beispielsweise die des *Hans Erich Graf von Löser*, dem Geheimen Rat und Erbmarschall von Sachsen, der in seinem Wasserschloss Reinharz südlich von Wittenberg Präzisionsinstrumente und eine Sternwarte bauen ließ und selbst Messungen durchführte, zeigen die fluktuierenden Grenzen zwischen Dilettanten und dilettierenden Philosophie- und Physikprofessoren. Bei den elektrischen Versuchen war die Grenze noch weniger deutlich, da es immer noch um eine qualitative Untersuchung der Wirkungen der Elektrizität und noch nicht um deren Messung ging, für die wenigstens eine Vorstellung über die zu messenden Größen bestanden haben müsste. Also konnten alle, die den Mut und das nötige Geld für die noch groben Gerätschaften hatten, ohne Zahlenkolonnen mit Messergebnissen loslegen.

Während die Institutionen der *Royal Society* in London und der *Académie Royale* in Paris bereits als Supervisor für Wissenschaftlichkeit auftraten, präsentierte sich die experimentelle Physik in Deutschland als ein Flickenteppich aus zahlreichen Liebhabern der Naturwissenschaften bis tief in die Provinz mit wenigen professoralen Ankerpunkten in den Universitäten und einigen wissenschaftlichen Gesellschaften, die mit Preisfragen und unregelmäßigen Publikationen der experimentellen Physik auf die Sprünge helfen wollten. In Deutschland hing die Bündelung von Ergebnissen und Erfahrungen weitgehend an einzelnen Personen. Winckler war einer von ihnen. Bose streckte schon früh Fühler in Richtung der experimentierenden Physiker in England und Frankreich aus. Kontakte zu Dilettanten, die Winckler kontinuierlich mit Korrespondenzen und Lieferungen von Elektrisiermaschinen gepflegt hat, waren bei ihm die große Ausnahme.

Einige Daten ihres Lebens sind schnell genannt. Ich habe sie aus der *Sächsischen Biographie* entnommen. Sie dienen nur als Grundlage, um den zeitgenössischen Blick auf die Kontrahenten zu eröffnen und eine Einschätzung vorzunehmen, die ihrem Umfeld und ihrer Zeit entstammt. Bei Bose wird sofort die familiäre Herkunft aus reicher und vornehmer Familie zu einem Kriterium, nach dem er beurteilt wird und die im Falle des Beleidigungsstreites mit Winckler vielleicht auch zu einer Behandlung nach Gnade vor Recht führte. Bei Winckler tritt in den Vordergrund die rechtschaffene und gottesfürchtige Disziplin eines Mannes aus kleinstädtischem Milieu, der Vater war Mühlenpächter.

Zeitgenössische Quellen sind von unterschiedlicher Qualität, was den Zugang zu Bose erschwert, dessen Haus im Siebenjährigen Krieg ein Raub der Flammen wurde. Es gibt von Bose zwar eine Biographie, eher eine Eloge, die aber im Gegensatz zu der Wincklers in Zedlers Universallexikon lediglich auf Kenntnissen eines seiner Schüler basiert, dem Bose ein Interview verweigerte. Bei Winckler haben wir die seltene Gelegenheit einer zeitgenössischen Lebensbeschreibung, die vom Schreiber des Artikels im Zedler in einer persönlichen Befragung zusammengetragen wurde und »des Herrn Professors Approbation« erhalten hat. Sie enthält viele Schilderungen, die nur von Winckler selbst stammen können. Jeder einzelne Schritt seines Werdegangs, seiner Ausbildung und seiner hartnäckig verfolgten Interessen ist lebendig und anekdotenreich dokumentiert. Leider konnte ich von den beiden Kontrahenten keine Porträts finden.

Georg Matthias Bose (1710–1761)

Bose studierte Naturkunde, Medizin und Mathematik an der Universität Leipzig und wurde bereits mit 17 Jahren Magister, dann Assessor an der Leipziger Philosophischen Fakultät. Er las über mathematische und physikalische Themen, auch über Elektrizität. 1738 ging Bose als Professor für Physik nach Wittenberg, experimentierte mit Elektrizität und beschäftigte sich mit Astronomie, mit Sonnen- und Mondfinsternis. Er korrespondierte mit zahlreichen Gelehrten, unter ihnen der Mathematiker Leonard Euler und der Mediziner und Botaniker Albrecht von Haller. Wegen seiner Korrespondenz mit Papst Benedikt XIV. zwischen 1749 und 1753 bezichtigten ihn die evangelisch-lutherischen Theologen der Universität der Verletzung seines seit 1580 vom Kurfürsten verlangten Eides auf die »unverfälschte Religion« und forderten die Vorzensur seiner Schreiben an den Papst. Benedikt hat sich 1757 zur Aufhebung des Verbots von Büchern durchgerungen, die das heliozentrische Weltbild vertraten.[50]

Der sich als Biograph Boses stilisierende Friedrich Börner (1723–1761) sollte in Wittenberg eigentlich Theologie studieren, begeisterte sich schnell für die Naturwissenschaften und schrieb 1748 noch als Student der Medizin einen lexikalischen Eintrag zu Bose in seinen Nachrichten über jetztlebende Ärzte und Naturforscher, der so beginnt:

»Wer ist wol unter den dasigen Bürgern, der nicht mit besondrer Erfurcht und Hochachtung an die Verdienste der Herren Bosen denken sollte, welche einem Hochweisen Magistrat ansehnliche Mitglieder, einer löblichen Kaufmannschaft erfahrne Handelsherrn, einer werthen Bürgerschaft geschikte Ratsherrn geliefert haben? Ja, wer ist nicht in der gelehrten Welt, der dieses Geschlecht mit besondrer Hochachtung verehret?«[51]

Wer war dieses Geschlecht? Wenn gesagt wird, dass Bose aus einer Familie eines einflussreichen Leipziger Kaufmanns stammt, sollte man vermeiden, sich darunter so etwas wie die auch politisch herrschenden großen Kaufleute Venedigs vorzustellen. In dieser Lage waren Leipziger Kaufleute keineswegs. Die reichen Bürger, die in Leipzig den Ton angaben, mussten sich die Erlaubnis für ihre Unternehmungen vom Kurfürsten als eng umrissenes Privileg verbriefen lassen, dessen Laufzeit begrenzt und dessen Erneuerung nie sicher, aber teuer war. Ihre großen Vermögen erlaubte es ihnen allerdings, in der Stadt als Mäzene und Stifter aufzutreten und wichtige Schlüsselpositionen im Rat zu besetzen.

So war der Leipziger Wollgroßhändler, Baumeister, Ratsherrn und Gutsherr Johann Ernst Kregel, der 1697 von August I. von Sachsen in den Reichsadelsstand erhoben worden war, Stifter der Thomasschule und vollendete den Neubau des Hospital-, Zucht- und Waisenhauses, des sog. Georgenhauses am Brühl, der 1692 vom Ratsherr Georg Bose (1650–1700) initiiert worden war. Dieser hatte ein Grundstück in den westlichen Flussauen der Stadt gekauft und seit 1695 den Kleinbosischen Garten angelegt. Auch der Bruder unseres Wittenberger Professors Georg Matthias Bose, Caspar (1700–1730), wurde schon mit 18 Jahren zum Ratsherrn und Vorsteher des Georgenhauses gemacht.[52] Georg Matthias Boses Großvater, ebenfalls Caspar (1672–1730) hatte den Großbosischen Garten in der östlichen Vorstadt von Leipzig von seinem Vater Johann Ernst Bose (1612–1681) geerbt und zum Barockgarten umgewandelt. Großvater Caspar korrespondierte mit deutschen, niederländischen und französischen Autoren von Gartenliteratur, und seine Handelsbeziehungen erlaubten ihm den Import exotischer Pflanzen. Während der Messe war der Garten für die Öffentlichkeit zugänglich.[53] Dieser Garten hat wahrscheinlich in seinem Enkel schon früh naturwissenschaftliche Interessen geweckt.

Grundlage des Reichtums und des Einflusses der Familie Bose war die Gold- und Silbermanufaktur. Sie könnte am kleinbosischen Garten gelegen haben, denn dort gab es Wirtschaftsgebäude. Die Manufaktur war

1588 von einem Religionsflüchtling aus Maastricht, Heinrich von Ryssel, gegründet worden »und seine Erben waren lange Zeit in Alleinbesitz derselben. Endlich brachten sie die Kaufleute Apel, Bose und Graf an sich, und erweiterten sie bedeutend«. Das begann mit der Manufaktur der Graf'schen Familie 1681, die die Gebrüder Caspar und Georg Bose in der Folge »an sich brachten« – durch Einheiraten. Vorausgegangen war 1675 die Heirat Georg Boses, der den Kleinbosischen Garten zum Barockgarten gemacht hatte, mit Rosine Elisabeth von Ryssel. Andreas Dietrich Apel war Teilhaber seiner Vetters, des Seidenhändlers Barniske geworden, dessen Tochter er 1691 heiratete und die Seidenwarenfabrik in eigener Regie betrieb. Auch Apel erhielt 1711 ein Privileg für eine Gold- und Silbermanufaktur. Die Heiratsstrategie der Kaufleute war erfolgreich.[54] Diese Privilegien waren an strenge Auflagen gebunden. Es waren ihnen erlaubt,

»Gold und Silber fein und lionisch grob und klein zuzurichten, zu schmelzen, abzutreiben, Gold zu raffinieren und durchzugießen, zu plätten und zu spinnen, ingleichen auch güldene und silberne und mit Seide vermischte Posamenten, güldene Franzen und allerhand Schnüre, Spitzen und Zanken, Rund- und Riegelschnuren, goldene und silberne Blättchen, Bouillons ... zu verfertigen«.

Sie durften die Waren jederzeit verkaufen, Arbeiter einstellen und andere blieben von diesen Aktivitäten bei Androhung hoher Strafen strikt ausgeschlossen. Der Einkauf fremder Waren war auf die Messen beschränkt. Die Gebrüder Bose z.B. durften Gold und Silber für ihren Bedarf nicht aus Gold- und Silberwaren oder aus dem Einschmelzen von Münzen decken, sondern mussten ihn »auswärts einkaufen«, und sie durften mit ihrem Edelmetall keinen Handel treiben, ihn nicht an Drahtzieher oder andere verkaufen.[55]

Mit ihren aus Gold- und Silberfäden durchwirkten Luxusmoden für Standespersonen haben die Boses und Apels ihre Vermögen gemacht. Alle drei in Leipzig privilegierten Silber- und Goldmanufakturen beschäftigten zusammen zwischen 700 und 800 Personen, davon zwei Drittel Frauen und Kinder.[56] Ihre unternehmerischen Aktivitäten brachten sie naturwüchsig in engen Kontakt zum herrschenden Adel, dessen luxuriöse Bedürfnisse Johann Georg Krünitz 1780 in einem kleinen philosophischen und volkswirtschaftlichen Beitrag als notwendiges Übel festgehalten hat:

»Der Natur der monarchischen Regierungsform ist es, wie der Hr. von Montesquieu mit gutem Grunde behauptet, am allerwenigsten gemäß, den Luxus im Staate nicht zu dulden; denn da die Begierde nach dem Vorzuge die vornehmste Triebfeder der Monarchie ist, indem sich darin alles nach einem einzigen, als dem Mittelpunct, dränget, dieser einzige aber sehr selten die wahre Ehre und Tugend die Wege seyn läßt, worauf man sich ihm nähert, so ist der Luxus, als wodurch man hauptsächlich einen äußerlichen Vorzug zu behaupten suchet, eine wesentliche Eigenschaft der Monarchien. Diese Eigenschaft in einer Monarchie auszurotten, ist bey dem Mangel der Triebfedern zur wahren Ehre und Tugend eben das, als dem Staate einen großen Theil seiner Thätigkeit zu rauben. Und da es in unsern heutigen Republiken so sehr an diesen Trieb=Federn zur wahren Ehre und Tugend fehlt, als in den Monarchien, und da die Republiken Commerzien treiben, und allen ihren Wohlstand auf den Fleiß ihrer Bürger gründen müssen: so können sie den Luxus eben so wenig ausrotten, als die Monarchien, ohne eine sehr wirksame Triebfeder des Fleißes zu vernichten«.[57] Dort beschreibt er auch genau die Arbeitsweise einer Silbermanufaktur.

Georg Matthias Boses Frau hieß Johanne Henriette geb. Carpzov. Ihr Vater Johann Benedict Carpzov (1675–1739) war promovierter Jurist und zum Zeitpunkt der Heirat Kreisamtmann in Wittenberg. Der ehemalige Bürgermeister von Zittau hatte sich mit drei Werken zur Geschichte der Oberlausitz einen Namen gemacht und war wegen Korruptionsvorwürfen seines Amtes enthoben worden. Die Carpzovs waren eine über zwei Jahrhunderte bekannte Gelehrtenfamilie in Sachsen, die vor allem Juristen stellte. Eine ganze Reihe der jüngeren Boses reussierten nun in der Juristerei und in den Wissenschaften und heirateten jetzt Töchter von Wissenschaftlern und nicht mehr Töchter von Kaufleuten.

Bose fiel immer wieder damit auf, dass er sich als der erste in Deutschland inszenierte, der elektrische Versuche gemacht hat und anderen Epigonentum vorwarf. Eine ganze Reihe von Wissenschaftlern war konsterniert und versuchten, die Dinge zurecht zu rücken. Auch Bose hatte sich zur Nachahmung anregen lassen, zuerst von Johann Jakob Schilling (1702–1779). Er hatte bei dem später mit der Leidener Flasche berühmt geworden Pieter van Musschenbroek in Duisburg und bei dem Mediziner Herman Boerhaave und dem Physiker Willem Jacob's Gravesande in Leiden studiert. Schillings auf zwei Ausgaben verteilten Artikel in den *Miscellanea* der Königlich Preußischen Sozietät der Wissenschaften hatte

Bose auf die Spur der Elektrizität gebracht.[58] Der Danziger Ratsherr und Mitbegründer der *Naturforschenden Gesellschaft* Daniel Gralath beschrieb diese ersten tastenden Versuche und die seltsamen Theorien Schillings nachsichtig: »Er bemühet sich auch die Phaenomena zu erklären«.[59] Nur wenig später hielt Bose in Wittenberg am 17. März 1738 an der Universität Leucorea seine Antrittsrede über Elektrizität, in der er sich mit der Newton'schen Interpretation von Anziehung und Abstoßung auseinandersetzte und in einem geschichtlichen Abschnitt über die ersten elektrischen Experimente berichtete: *De Attractione et Electricitate oratio inauguralis*. Er sei »der erste gewesen, der die elektrischen Entdeckungen der Ausländer in Teutschland bekannt gemacht« habe und »den Gebrauch der elektrischen Röre in Leipzig zuerst gezeiget«. Er sei »überhaupt der erste gewesen, der die Hauksbeesche Lichtkugel, anstatt der Röre zu den elektrischen Versuchen angewendet« habe, schreibt Johann Georg Krünitz 1769.[60] Ähnliches war schon von Daniel Gralath 1756 zu lesen, und er hatte hinzugefügt, Bose habe sowohl die Röhre als auch die Lichtkugel in Kupfer stechen lassen. Der Kupferstich ist nicht mehr aufzufinden und wahrscheinlich im Siebenjährigen Krieg verbrannt.[61]

In ähnlicher Weise hat sich Bose auch den 1743 verstorbenen Christian August Hausen vorgenommen. Bose hatte in Leipzig Medizin und Naturwissenschaften studiert, wo Hausen Mathematikprofessor war. Bose wurde Assessor der Philosophischen Fakultät. Er hielt Vorlesungen über Physik und beschäftigte sich 1734 für kurze Zeit mit Elektrizität und nahm seine Versuche wieder auf, als er, wie Gralath bemerkte, »1737 das 1733. Jahr der Schriften der Königlichen Academie der Wissenschaften zu Paris erhielt, und darin die Versuche des Herrn du Fay antraf«. Daniel Gralath schreibt weiter, es sei bekannt,

»daß Herr Hausen Herrn Bosen in Leipzig besuchet, und bey ihm die electrischen Versuche schon im Jahr 1737 gesehen...Dieses aber ist gewiß, daß die electrische Versuche in Deutschland erst zu der Zeit in Ansehen gekommen, da Herr Hausen solche kurz vor seinem Tod in Leipzig angestellet; wozu des Herrn Grafen von Manteufel Excellenz, welchem Herr Hausen dieselbe zu zeigen die Ehre gehabt, das vornehmste beygetragen, indem dieselben solche nicht allein den Grossen bekant gemacht und angepriesen, sondern auch einheimische so wohl alß auswertige Gelehrte aufgemuntert und angetrieben, diese Untersuchungen mit vereinten Kräften fortzusetzen; auch nachgehends denenselben mit Anschaffung bequemer Werkzeuge und andern Zuschub höchst förderlich gewesen«.

Das könne man bei Winckler nachlesen, und die Wahrheit sei, dass man Aufnahme und schleuniges Wachstum der Elektrizität diesem klugen Staatsmann und großen Förderer der Wissenschaften hauptsächlich zu verdanken habe.[62]

Gralath betrachtet Bose offensichtlich als Wichtigtuer, und er war nicht der einzige, auch Wolff sah ihn so. Boses Problem war, dass er mit seinen frühen Versuchen selbst in der Öffentlichkeit des kleinen Wittenberg nicht wahrgenommen worden war, während Hausen mit seiner 1743 in Leipzig posthum von Gottsched herausgegeben Schrift *Novi Profectus in Historia Electricitatis* im Zusammenspiel mit von Manteuffel im international vernetzten Leipzig die Szene mit einem Paukenschlag eröffnete. Hausens Testamentsvollstrecker war Winckler, und Wincklers Protegé blieb weiterhin von Manteuffel. Auf Gralath wirkte Boses Neidkampagne zumindesten befremdlich. Dabei kannte er noch nicht einmal dessen versteckte Angriffe auf Winckler. Gralath erinnerte an die sich gegenseitig befruchtende Zusammenarbeit zwischen Gray und du Fay, den beiden Pionieren elektrischer Versuche aus dem verfeindeten England und Frankreich, die der Sekretär der *Académie des Sciences,* Fontenelle, 1739 als Muster für ein gedeihliches Zusammengehen der beiden Nationen angepriesen hatte.[63]

Johann Heinrich Winckler (1703–1770)

Zur Physik ist er relativ spät gekommen, und seine Beschäftigung mit der Elektrizität war eher einem glücklichen Zufall geschuldet. Ich halte mich in weiten Teilen an Zedlers Universallexikon, dessen namentlich nicht bekannter Verfasser der Biographie bis 1748 von Wincklers Leben fasziniert gewesen muss. Es war wahrscheinlich der langjährige verantwortliche Redakteur des Lexikons und Professor für Philosophie an der Universität Leipzig, Carl Günther Ludovici (1707–1778), bei dessen Vater Christian Ludovici Winckler studiert hatte. Liebevoll nennt er Details, die den Wissenschaften während der frühen Jahre der deutschen Aufklärung ein klerikal – philosophisches Kolorit verpassen und der Gesellschaft ein eingewurzeltes ständisches Gebaren attestieren. In diesem Umfeld hat Winckler einen bewundernswerten Aufstieg geschafft. Er war sich dessen bewusst und reagierte höchst empfindlich, wenn er von einem wissenschaftlichen, aus der bürgerlichen Oberschicht stammenden Kontrahenten wie Bose wie ein »Landläufer« behandelt oder auf hinterhältige Weise als »Lump« bezeichnet wurde.

Johann Heinrich Wincklers Biographie im Zedler ist sehr wahrscheinlich eine Autobiographie, die er dem Schreiber in die Feder diktiert hat.[64] So können wir heute erkennen, was ihm selbst wichtig war, z.B., dass er sich noch erinnern konnte, wie am Tage des Einzuges in die von seinem Vater gepachtete Mühle von Bertelsdorf die Haushaltsgeräte im Hof standen und er deshalb die Geschichte des Bischofs Huctius glaube, der von sich behauptet habe, dass er, kaum der Mutterbrust entwöhnt, neidisch auf alle war, die lesen konnten. Da war er 1 1/4 Jahre alt, 1703 in Wingendorf (Jalowiec) in der Oberlausitz geboren. Bertelsdorf (Uniemyśl) in Schlesien, der Geburtsort seiner Mutter, lag nur einen Katzensprung entfernt, getrennt durch den Fluss Queis (Kwissa). Die nächste Stadt war Lauban. In Bertelsdorf gab es keinen Evangelischen, der »die Kinder im Lesen und Schreiben, und im Christenthume öffentlich unterrichten durffte«. Seine Mutter hat ihm deshalb »die Buchstaben bekannt gemacht« und seinen Fleiß durch kleine Geschenke belohnt. Schließlich landete er in Lauban bei Herrn Gabriel Langen, hatte »Freude über die Sachen des Christenthums, und eine Lust zur Lateinischen Sprache«.

Er las das *Enchiridion grammaticum*, ein lateinisches Lehrbuch des Zittauer Rektors Christian Weise, so dass es ihm bald egal war, ob er lateinisch oder deutsch lese, und er las »die Regeln der Einbildung und des Gedächtnisses in den Schrifften des Herrn Herrn Geheimen Raths, Barons von Wolff«. Da war er gerade mal 10 Jahre alt und ein Bücherwurm, der auch bei schönstem Wintersonnenschein sonntags in der Mühle hockte. Mit 11 kam er aufs Lyceum der Stadt Lauban, später als üblich, weil sein Vater die Kosten nicht aufbringen konnte und befürchtete, er werde sich dort dem studentischen Müßiggang hingeben und schlechte Sitten annehmen. Er hatte dazu keine Gelegenheit, bekam Privatstunden in Latein und Mathematik zuhause bei den Kirchbachs, »Leute von gutem Ansehen bey der Stadt«, wo er sechs Jahre lang logierte, und ihm wurde in der Schule von fünf Lehrern »die Schrifften der Apostel fleißig erklärt und angepriesen«. Als Nebeneffekt seines guten Benehmens bekam sein Vater die Obermühle in Lauban zur Pacht.

Für einen Lexikoneintrag ganz ungewöhnlich berichtet Winckler ausführlich die Lebensgeschichte einer seiner Lehrer, die ihm »zu einer großen Ermunterung in der Frömmigkeit und Fleisse« diente. Dieser Lehrer war in Niederungarn »von ungläubigen und blutarmen Eltern entsprossen«, als Vierjähriger im Türkenkrieg auf offenem Feld von einem Soldaten mit der Flinte auf den Kopf geschlagen worden, ein anderer Soldat habe ihn und seine Muhme aus dem Blut aufgehoben und sie in das Kaiserliche

Lager geschickt, in dem unter 40 000 Mann sehr wenige Lutheraner gewesen seien. Eine vornehme Frau eines lutheranischen Offiziers habe sich ihrer angenommen, sie verpflegt und im Christentum unterwiesen, den heidnischen Namen Palko in Christian Jacob Günther bei der Taufe in Schlesien verwandelt, ihn in eine öffentliche Schule geschickt und schließlich in Leipzig Theologie studieren lassen. Dieser Lehrer faszinierte ihn nicht nur wegen seiner Lebensgeschichte mit aufsteigendem Erfolg, sondern auch wegen seiner Art des Unterrichts. Er verband trockene Grammatik mit Berichten über die Schriftsteller, erzählte Geschichte und Geographie, bevor er einen lateinischen Text verdeutschen ließ und hat ihm auch zuhause Privatstunden gegeben, in der »Deutschen Poesie«, in »Erasinus Gespräche« und in »Isocrates Reden«. In der ersten Klasse angekommen, hat er vier Jahre Latein, Griechisch, Hebräisch, Geschichte, Geographie, Poesie, Oratorie und Theologie getrieben. Er hat lateinisch disputieren gelernt, nicht nur in der öffentlichen Schule, sondern in Sonderkursen beim Korektor danach. Rektor Gumprecht hat die Schüler, um sie davon abzuhalten, sonntags auf die Dörfer zu gehen, um fünf Uhr nachmittags zu einer theologischen Stunde verpflichtet, »in welcher er ein moralisches Systema erklärte. So wohl hierinnen, als auch in der Thetick und Polemick, in welcher Wissenschaften der Rector zuhause war, übte er seine Untergebene dergestalt, daß es ihnen auf der Universität nicht schwer fallen konnte, diese Theile der Gottesgelahrheit in den Academischen Collegien zu verstehen«. Von Philosophie, »Weltweisheit« bekam er erst im letzten Schuljahr einen Vorgeschmack, damit durch eine frühe Beschäftigung mit Philosophie die Schüler nicht »die Sprachen liegen lassen«. Der kleine Winckler war inzwischen so gut, dass er mit 15 Jahren Nachhilfelehrer seiner Mitschüler über »die Bücher des Cicero von den Pflichten, und des Ovids Verwandlungen« wurde und zwei Stunden täglich als Hauslehrer die beiden Kinder des Oberältesten der Tuchmacher unterrichtete, eines angesehenen Bürgers der Stadt.

In der Mühle von Lauban gab ihm sein Vater »ein Stübgen« mit Mühlengeklapper, »in welchem er einer angenehmen Einsamkeit genoß, da er Wälder, Felder und Berge vor sich sah«. Die Mühle mit den Zirkeln, Linealen und Maßstäben seines Vaters entfachte seine Liebe zur Mechanik, und der Medicus Adami regte ihn mit »chymischen Würckungen« dazu an, die Erkenntnisse der Kräfte der Natur zu vereinigen. Unter den Söhnen des Adami war einer, den er sich zum Beispiel nahm, und Philosophie zu studieren anfing. Am Ende seiner Schulzeit in Lauban, 1724 mit 21 Jahren, verabschiedete er sich mit einer kleinen Dissertation, *de cupidate discendi* (Über die Leidenschaft zu lernen), erhielt ein Stipendium vom Hochedlen Rat der Stadt und ging nach Leipzig. Weil er sparen gewohnt war, fiel es ihm nicht schwer, mit Wenigem zu leben. Von seinen Eltern habe er gelernt, »wie es eine Pflicht sey, niemandem etwas schuldig zu bleiben. Sein Aufwand war auch deßwegen geringer, weil er weder an Coffee noch Toback gewöhnet war«.

Mit seinem Schulfreund Gottfried Förster besuchte er gemeinsam die Vorlesungen beim Philosophen August Friedrich Müller, der seine gut besuchten Veranstaltungen später in seiner *Einleitung in die philosophischen Wissenschaften* (3. Bde. Leipzig 1728) veröffentlichte, und zu Andreas Rüdiger, ein Anhänger des Christian Thomasius und Gegner der mathematischen Methode von Leibniz und Wolff. Ihr eigentliches Ziel aber war die Theologie. Deshalb hörten sie die Dogmatik von Johann Gottlob Pfeiffer und belegten ein *Collegium Examinatorium* des Gottlieb Friedrich Guden, dem späteren Diakon in Lauban, bei dem sie auch die Bücher des Alten Testaments in der »Grundsprache«, auf Hebräisch, lasen, und beim »Professorn für Morgenländischen Sprachen und des Organi Aristotelici«, Christian Ludovici machten sie sich mit der Chaldäischen Grammatik bekannt und lasen den Propheten Daniel. In den ersten Universitätsjahren kümmerten sie sich nicht um Mathematik, »weil ihnen niemand den Nutzen und die Nothwendigkeit derselben vorgestellet hatte, Dieses haben sie offtmals bedauert«. Nicht an der Universität, sondern von seinem Wirt, der Umgang mit Medizinern pflegte, hatte er »vieles von der Vortrefflichkeit der Mathematick reden gehöret«. Bei den Studenten war Mathematik nicht beliebt. Als sie die Vorlesung von Matthäus Honold über von Wolffs »Auszug aus den Mathematischen Wissenschaften« besuchten, waren anfangs gerade mal sechs Zuhörer anwesend, und in kurzer Zeit waren die Beiden allein. Sie zahlten Honold dann die Gebühr für alle sechs, sodass er sein Kollegium fortsetzte.

Förster und Winckler gingen nicht nur zu den Predigten des Religionslehrers Adam Bernd in die Peterskirche, sondern auch zu seinen Kollegien, in denen er theologische Moral und Homilie erklärte, das Handwerkszeug zur Bibelauslegung. Sie verlasen ihre zuhause ausgearbeiteten Predigten auch auf der Kanzel, und Magister Bernd feilte an ihnen. Gedacht waren diese Kollegien als Ausbildung für studentische Hilfskräfte, die bei dringendem Bedarf den Prediger ersetzen konnten. Das haben die Beiden wohl nicht gemacht. Statt dessen Übungen in einem »Practisch – Logicialischem Collegio« bei August Friedrich Müller, und, um besser reden zu lernen, das oratorische Kollegium des Professors Johann Christoph Gottsched, der als Hochgewachsener aus Angst vor den preußischen Militärwerbern zwei Jahre vorher von Königsberg nach Leipzig geflüchtet war, damals Senoir der Deutschen Gesellschaft, in die sie auch als Studenten aufgenommen wurden.

Um den Magister zu machen, brauchte Winckler Geld, das sein Kompagnon schon von zuhause erhalten hatte und Leipzig als frisch gebackenener Magister verließ. Der Mühlenpächter Winckler war knapp bei Kasse und gab kein Geld für das Vorhaben Johann Heinrichs, das Angebot des Philosophen Rüdiger anzunehmen, in Jena »wider die Wolfische Philosophie« zu lesen. Rüdiger hatte 300 Zweifel an Wolffs Meinung über die Seele zu Papier gebracht, die dem Studenten gefallen haben. »Ob es vernünfftig und klug gehandelt wäre, daß ein junger Mensch wider einen Mann, der viele Jahre lang mit grossem Ansehen gelehret, streiten wollte?« fragte sein Vater. Es folgten zehn Wochen Auszeit in Lauban, während der er zweimal in der Stadtkirche predigte und sich Wolffs »Vernünftige Gedanken von GOtt, der Welt, und der Seele des Menschen« vornahm. Er fand keine Irrtümer, nur die vernünftigsten Wahrheiten. Wieder in Leipzig las er Platon, setzte seine seit zwei Jahren gehaltenen Vorlesungen für Primaner an der Thomasschule über Logik fort, wie die Bücher des Cicero von den Pflichten, und musste ihnen außerdem die Regeln der Naturlehre erklären. 1729 erlangte er die »Freyheit zu lesen« mit einer Dissertation über die Unendlichkeit, begann über Rüdigers pragmatische Philosophie zu lesen und eröffnete ein Kollegium über Descartes und dessen Gedanken über die *philosophia prima*. Er wurde Lehrer an der Thomasschule und verheiratete sich mit der Jungfer Johanna Christina Beerbaum, der Tochter eines wohlangesehenen Bürgers und Schneiders in Leipzig, »damit er nicht genöthiget würde, durch die Sorgen der Haußhaltung sich im Studiren stören zu lassen«.

Der Rektor der Thomasschule war seit Juli 1730 Johann Matthias Gesner, der die heruntergekommene Schule gründlich reformierte und den Lehrplan erneuerte. Mit ihm war Winckler eng befreundet. Gesner ging schon nach vier Jahren an die neu gegründete Universität Göttingen, da die Professoren der Leipziger Universität aus Eifersucht über sein hohes Ansehen bei der Stadt ihm keine Lehrbefugnis erteilten. In Göttingen wird er Bibliothekar, Professor für Philologie und Präsident einer Dependance der Deutschen Gesellschaft, die 1729 in Leipzig gegründet worden war. Von ihr erhielt Winckler 1731 einen Preis der Beredsamkeit für »eine Schrifft, worinnen er bewiesen, daß man verbunden sey, den Feinden Gutes zu thun«.

Philosophisch hielt Winckler sich nach allen Seiten den Rücken frei. Von Rüdiger habe er mündlich, von Wolff schriftlich gelernt. Er liebe die Freiheit und suche die Wahrheit, also wolle er weder dem Baron von Wolff, noch Rüdiger zu nahe treten. Schaut man genauer hin, war es allerdings die Wolff'sche Philosophie, die ihn fasziniert hat, wie Wolff die gesamte »Weltweisheit« aus dem Grunde des Widerspruchs herzuleiten versuche, »aus dem Satze des zureichendes Grundes, und aus dem Satze des nicht zu unterscheidenden«. Winckler hat seine Gedanken dazu in der 1735 erschienen Schrift *Institutiones Philosophiae Wolfianae utriusque Contemplativae Activae* (Theoretische und praktische Grundsätze der Wolff'schen Philosophie) entwickelt, die als Repetitorium für seine Studenten gedacht war. In den 1742 veröffentlichten *Institutiones Philosophiae Universae* (Grundsätze der allgemeinen Philosophie) wollte er klarstellen dass die Grundsätze Wolffs sich auch bei anderen Philosophen finden. In seinen philosophischen Kollegien unterschied er in einem einjährigen Kurs diejenigen Begriffe und Sätze, die »zur deutlichen Einsicht in die Theologie, Jurisprudentz und Medizin nöthig sind, von denjenigen Betrachtungen, welche der Seele bloß zum Vergnügen gereichen«. Er wolle erreichen, dass die Studenten die Philosophie in ihrem Zusammenhang verstünden, und hat erst in weiter gehenden Kursen seit 1737 über mathematische-physikalische Grundsätze »ein Experimentale« gelesen. Die wichtigsten Streitigkeiten der »natürlichen Gottesgelahrheit« und die Lehre von der Seele deckten weitere Kollegien ab. Winckler praktizierte also eine Art Vierfelderwirtschaft, in der sich die Fruchtfolgen innerhalb eines Jahres gegenseitig positiv verstärken, statt den Nährboden auszulaugen: die Philosophie nützt der Naturkunde, die Naturkunde liefert Beweise für die vernünftige Einrichtung der Welt durch Gott, und die alten Sprachen erlauben ein vertieftes Verständnis von Gottes Wort.

In der Physik habe er die Natur des Erdbodens, die Merkwürdigkeiten der Berge, die Ursachen der Kälte, die Newton'sche Farbenlehre, die Theorie der Kometen und die Beschaffenheit der Insekten abgehandelt. Dabei sei ihm zugute gekommen, dass er schon in seiner Jugend Erfahrungen mit Tieren und Pflanzen und »leblosen Dingen« gesammelt habe. Sein Vater betätigte sich auch als Imker, urteilte »vermöge seines natürlichen Verstandes aus der Ordnung und Arbeit der Bienen, daß man nicht Ursache habe, an der Existenz eines allerweisesten Wesens zu zweiffeln«. Ergebnis seiner Arbeit mit den Studenten, die er zu Abhandlungen über Naturgeschichte angeregt hatte, waren sechs philosophische Untersuchungen zu »Seyn und Wesen der Seelen der Thiere« entstanden und 1745 veröffentlicht worden.

Die Antrittsrede von 1739 für seine mit 200 Talern Jahresgehalt dotierte außerordentliche philosophische Professur beschäftigte sich daher mit *de Anima corporis organici Architecta* (Die Seele ist die Baumeisterin der organischen Körper), gedruckt als *quam mirabilis sunt parvitates in animalibus* (Wie wunderbar sind die Kleinheiten in den Tieren). Nach seiner Antrittsrede als ordentlicher Professor für Griechisch und Latein 1742 (*Platonem linguae, animi, ac virtutis Magistrum* – Den Lehrmeister Platon der Sprache, der Seele und der Tugend) »liessen ihn des um die Wissenschafften besonders verdienten Herrn Grafens von Manteufel Excellentz zur Tafel laden, und gaben ihm die Freyheit, sich einen Tag zu wählen, an welchem er wöchentlich sich bey der Tafel seiner Excellentz einfinden könnte. Bey derselben ist es erlaubt, seine Gedancken über gelehrte Sachen freymüthig vorzutragen: man wird mit Gelehrten von verschiedener Art und mit Personen vom hohen Stande bekannt. Kurtz ein Gelehrter hat tausend Vortheile von dieser Ehre«.

So war es. Bei einem solchen Essen fing der Leipziger Mathematikprofessor Christian August Hausen von seinen Versuchen mit der Elektrizität zu reden an. Er hatte sie auf seinen Reisen durch Deutschland, die Schweiz, England und Frankreich kennengelernt und benutzte in seinen Physikvorlesungen die Elektrisiermaschine von Francis Hauksbee. Nur wenige Monate nach seinem Bericht an der Tafel von Manteuffels war Hausen gestorben. Ein halbes Jahr nach seinem Tod war Winckler im Besitz der in Deutschland neuen Maschine. Ein gefährliches Spiel konnte beginnen.

Er war stolz auf seine Beziehungen zu den höchsten Kreisen. Sie brachten ihm auf Befehl des Kurfürsten an der Universität die Versetzung aus der polnischen Nation in die sächsische und ermöglichte so die Mitgliedschaft im großen Fürstenkolleg. Dieser für ihn so wichtige Vorgang ist von heute aus nur schwer zu verstehen. Das Große Fürstenkolleg war, wie auch das Kleine Fürstenkolleg, eine Stiftung der Markgrafen Friedrich und Wilhelm von 1409, eigentlich ein Gebäude und die Bezahlung von zwölf Magistern der Universität. Zu Wincklers Zeit beherbergte das Gebäude an der Stadtmauer gegenüber der Nicolaikirche den medizinischen und philosophischen Hörsaal und einige Studenten- und Professorenwohnungen. Die Mitgliedschaft in diesem Kolleg war der Schlüssel für die gut dotierten Stellen an der Universität. Im Gegensatz zu anderen deutschen Universitäten des 18. Jahrhunderts wurde die Leipziger

Universität immer noch nach dem mittelalterlichen genossenschaftlichen Prinzip verwaltet und gründete sich auf die Landsmannschaften der Studenten und Professoren und nicht in erster Linie auf die Fakultäten. An der Leipziger Universität gab es vier Nationen, die an der Verwaltung der Universität teilhatten. Diese »Nationen« bezeichneten nichts anderes als eine Gruppe von Studenten aus entfernten Gegenden. Ausschlaggebend war der Geburtsort: die sächsische, die bayerische, die meißnische und die polnische Nation.[65] Winckler zählte mit seinem Geburtsort in Schlesien zur polnischen Nation. Er hätte ohne Wechsel in die sächsische nicht Nachfolger des verstorbenen Theologieprofessors Heinrich Klausing als Senior der sächsischen werden können. Nun war er an der Universität fest etabliert. Das hatte er von Manteuffel zu verdanken.

Schlusswort oder ein Ende des Leichtsinns

Nach der Einführung der Leidener Flasche mehrten sich die Nachrichten über schwerwiegende Zwischenfälle mit zum Teil tödlichen Ausgang aus allen Winkeln Europas. Die theatralischen effekthascherischen Vorführungen bekamen in Kreisen der Wissenschaftler einen schlechten Ruf, denn die Flasche in falschen Händen war wirklich gefährlich. Sie konzentrierten sich jetzt auf Experimente zur Speicherkapazität und zur Effizienz verschiedener Materialien. Quantitative Messungen waren noch nicht darunter. Das wird noch bis in die späten 60er und die 70er Jahre des 18. Jahrhunderts dauern, als Priestley, Cavendish, Robison und Coulomb fast gleichzeitig Lösungen für die Kräfte der Ladungsverteilung in Hohlkörpern anboten und Anziehung und Abstoßung elektrischer Teilchen mit der Torsionswaage maßen. Bis dahin wurde über die Rolle des Wassers in der Flasche, über den Einfluss der Luftfeuchtigkeit auf die Stärke ihrer Effekte, über Größe und Form der Flasche oder dicke und dünne Gläser gestritten, und es gab immer noch Elektrisierer, die die potentiellen Gefahren beim Arbeiten mit der Leidener Flasche sträflich unterschätzten.

Der in Schottland geborene Benediktiner und Professor für Philosophie im kurmainzischen Erfurt, Andreas Gordon (1712–1751), war einer von ihnen. Er war bei seinem ersten Versuch über die Wirkung der Leidener Flasche zwar verblüfft, aber nicht überrascht. Gordon war der Meinung, es habe sich eigentlich nichts geändert. Er hatte seit 1744 mit Elektrisiermaschinen experimentiert, mit der Leidener Flasche sofort nach Bekanntwerden durch einen Zeitungsartikel, bei dem »die Beschreibung aus einer die Sache ziemlich hoch treibenden Feder geflossen« war. Er sah keine ungewöhnlichen Gefahren, denn ähnlich starke Empfindungen habe er durch die mit einem silbernen Löffel erzeugten Funken gehabt. Er wunderte sich nur darüber, dass man, wenn man die Flasche in einer Hand hält, mit der anderen Funken erzeugen könne. Man sollte eigentlich glauben, dass bei Berührung die Elektrizität gehemmt werde, da der von Wasser freie Teil der Flasche die Elektrizität in die haltende Hand doch nicht fortpflanze. Als er bei Berührung des Drahtes trotz seiner Überlegungen einen heftigen Schlag bekam, bemerkte er lapidar: »Hieraus darf man nicht schliessen, daß die Electricität nur schädlich sey: denn wer keine Funcken erreget, oder an sich erregen läßt, der wird keine Schmerzen davon empfinden«.[66] Das ist so schlicht wie wahr und eine billige Logik, oder nur ein flapsiger Spruch, der von bodenlosem Leichtsinn zeugt. Die ernsthaften Physiker sahen die mit zunehmender Speicherkapazität einhergehenden Gefahren und wollten ihre Ursachen kennenlernen.

In der *Royal Society* begann man mit kontrollierten Versuchen und der Überprüfung kontinentaler Ergebnisse. Der schon im Zusammenhang mit Boses Beatifikation genannte William Watson mauserte sich zu so etwas wie der oberste Supervisor der *Royal Society* gegenüber zweifelhaften Behauptungen. Er hatte Boses Beatifikation nach eigenen Versuchen in Frage gestellt, er wies Musschenbroeks Fehler in der Bewertung unterschiedlicher Glassorten nach, und er machte jetzt Versuche, die zeigten, dass die Größe der Flasche und damit die Menge des Wassers nicht entscheidend für den Erfolg der Entladung ist. Wichtiger sei die vollständige Trockenheit außen und innen an den Teilen, die nicht vom Wasser berührt werden. Ein dichter Bleibelag außen verhindere dort Feuchtigkeit am Glas. Die Feuchtigkeit innen werde durch warmes Wasser vermindert, das die Kondensation am Glas verhindern musste.[67]

Nollet erkannte, dass die Form der Flasche keinen Einfluss auf ihre Fähigkeit zu speichern hat. Der Maler Benjamin Wilson und sein Experimentierklub, dem u.a. der bekannte Ingenieur John Smeaton angehörte, leiteten daraus ab, dass man die Versuche auch mit Metallplatten machen könne.[68] Wenig später werden Wilson, Watson und Gralath herausfinden, dass dünnes Glas stärkere Effekte erzeugt als dickes, und bald war das Wasser als Leiter überflüssig und durch innere und äußere Belegung mit Metallfolien ersetzt worden.

Im Winter 1746/47 arbeitete Benjamin Franklin in Philadelphia voll konzentriert mit der Leidener Flasche. Er hatte nur geringe Kenntnisse von den bisherigen Errungenschaften und Theorien in Europa. Das war für einen unverstellten Blick von Vorteil und brachte ihn unter falschen Annahmen auf die sich als revolutionär erweisende Idee von plus und minus. Nollet organisierte ein giftiges Rückzugsgefecht gegen »die Schule von Philadelphia«, auf das sich sein Adressat Franklin bewusst nicht einließ. Wegen des verweigerten Duells war Nollet zutiefst beleidigt und nahm deshalb mit der unverhohlenen Arroganz des Metropolenwissenschaftlers an, dass der unverschämte Kolonist Franklin von ihm, dem großen Pariser Spezialisten noch nicht einmal gehört hätte.[69]

Schon dieser kurze Ausblick zeigt, wie sich mit atemberaubender Geschwindigkeit das Kampffeld der Elektrizitätsforschung auf die Feinarbeit mit der Leidener Flasche verlagerte und ein Streit wie der zwischen Bose und Winckler um die öffentliche Präsentation gewagter Versuche oder eine im Brustton der Überzeugung vorgetragene Spekulation über die Ursachen der Elektrizität der Wissenschaft keine Impulse mehr zu geben vermochte. Die Leidener Flasche wanderte ins Labor, die elektrisierte wohlsituierte Öffentlichkeit blieb außen vor und war nach der allgemeinen Erregung durch theatralische Inszenierungen am tristen Laboralltag nicht mehr interessiert. Die Schausteller, die jetzt noch durch die Lande zogen, bedienten nun ohne besonderen wissenschaftlichen Anspruch für gutes Geld das gemeine Publikum. Sie hat Oliver Hochadel mit einigen besonders geschäftstüchtigen Unternehmern in *Öffentliche Wissenschaft. Elektrizität in der deutschen Aufklärung* beschrieben. Und natürlich gab es weiter dilettierende Pfarrer, geschickte Instrumentenmacher und abenteuerlustige Reisende, die Vorführungen inszenierten. Der neueste Schrei waren solche, die Blitze und Blitzableiter demonstrierten und durchaus aufklärerische Ziele verfolgten. Aber insgesamt war das Interesse erlahmt, auch weil Ängste mitspielten, nachdem über den einen oder anderen Todesfall berichtet wurde und die Tötung von Tieren möglich geworden war. Die Elektrizität war eine noch nicht gut zu kontrollierende, unheimliche Kraft, für die nun auch die zerstörerische Wirkung des Blitzes verantwortlich war. Nur noch wenige Freiwillige wollten sich in aller Öffentlichkeit von ihr durchschütteln lassen.

Mit dem Tod von Bose in Magdeburg 1761 und dem Tod von Winckler in Leipzig 1770 blieb die Elektrizitätsforschung in Wittenberg und Leipzig weitgehend verwaist. Wincklers Geräte landeten bei dem Mediziner Christian Ludwig (1749–1784), der als Privatdozent Vorlesungen über Physik hielt. Untersuchungen zur Elektrizität sind von ihm nicht bekannt. Seine Themen waren Luft und Wärme. Wincklers Nachfolger auf dem Lehrstuhl für Physik, der Mathematiker und Physiker Christlieb Benedict Funk (1736–1786), hatte keinen Zugriff auf Wincklers physikalische Geräte und beschränkte sich auf theoretische Vorlesungen, bemühte sich aber nach dem Tod Ludwigs um ihren Ankauf durch die Universität, der 1785 erfolgte. 1064 Thaler hat sie dafür bezahlt, mehr als das fünffache Jahresgehalt Wincklers als außerordentlicher Professor für Philosophie. Boses Nachfolger in Wittenberg, Johann Daniel Titius (1729–1796), war zwar ein großer Popularisierer, Übersetzer und Volksaufklärer in Sachen Naturwissenschaft und Philosophie mit einer langen Liste von Veröffentlichungen, aber nur einem zwölfseitigen Bericht über Experimente anderer zur Elektrizität, der Lyoner Magister und Professoren.[70]

Der Siebenjährige Krieg war sicher einer der Gründe für das Versiegen der öffentlichen Wirkung von elektrischen Versuchen. Die Leute hatten wahrlich anderes zu tun und kämpften ums Überleben. Die finanziellen Belastungen waren so groß, dass Mittel für Belustigungen und selbst für universitäre Forschung fehlten. Wittenberg musste einen Wiederaufbau des Stadtzentrums schultern und Leipzig Preußens Finanzknute bedienen. Die Auswirkungen des Krieges blieben lange spürbar.

Anhang

***Orginaltexte** (sofern sie nicht schon im Text abgedruckt worden sind)*

Gedächtnisnotizen des Protonotarius der Universität Wittenberg, Johann Stephanus Kunert (ein Protonotar ist der Vorsteher der Kanzlei)
Regl. (Regula Richtschnur)
Wittenberg am 24. Febr: 1747

Haben Rector der Academiae Magnif. Drs. (Doctores) D. Weickhmannus (Dr. Joachim Samuel Weickmann 1712-1777, ev. Theologe, war im WS 1746 Rektor), mir gegenwärtige Acta eingehändiget und dabey angeordnet, daß ich die Orginalia derer fol. 29 b: kor. inducirten Briefe, von dem Herrn Prof. Bosen mir geben laßen, solche ad Acta nehmen und einen Bericht abfassen solle.

Daß ich so fort zum Herrn Prof. Bosen begebe, so hat er mir den französischen Brief fol. 49. ausgehändigt und dabey versichert, daß er sonst keinen Brieff besitze, sondern diesen in seinem Scripto nur stückweise angeführet, welches veranlaßet haben müßte zumuthmaßen, daß Er verschiedene Brieffe erhalten, zumahl er einen Theil sothanen französischen Brieffs aus der Absicht, damit der Auctor, welcher Hrn. Prof. Wincklern refutiret (schmäht), deßen Unwillen und Haß nicht ausgestellet werden sollte. Inzwischen wolle Er Academiam verführen, daß bey Ihr: Königl. Majte. Sie ihn dahin vorbitten möchte, damit ihm das Original des Briefes wiederum zurückgegeben, und eine *vidimirte* (abgeglichene) Abschrift bei den Acten behalten werde.
D. Johann Stephano Kunert
Acad. Proto-Notarius
Cod.

Verlanget der Herr Professor, Bose, nachdem er nostro grande Registratur durchgelofen, annoch anzumerken, daß er zwar noch andere Briefe habe, allein von anderen Briefen sey keiner, als den er fol. 49. im orginali ediret, fol. 42 Seqqv. seiner Scripti von ihm induciret worden
D. Johann Stephano Kunert
Academiae Proto-Notarius

Schreiben an die Königl. Akad. d. Wissenschaften zu Berlin pp welches nom. Bose im obigen allegiert (angeführt) sind, ist hier herausgenommen

Auf Seite 9 ein witziges Detail: neben der Rechnung des Proto-Notars eine unendlich lange Liste der Besitztümer des Kurfürsten, wahrscheinlich gedacht als Gedächtnisstütze zur Anrede.

Bose Stellungnahme (ohne Datum)
P.P. (Professor Publico)
Herr Professor Winckler gesteht selbst, daß ich ihn niemals genannt habe. er wird also zu beweisen haben, daß ich ihn irgendwo gemeynet. Im Ernst, kan ein jederman hingehen, etwas aus einer Schrifft auf sich ziehen, und deren auctorem verklagen: Ob mich nun schon ein gantz *memorial* ungemein befremdet, ich will dennoch ohne eintzige Weitläuffigkeit auf alle Puncte antworten.
Ein Satze, welche er auf der dritten Seite seiner *praefation* einigen Gedanken in meinen Schrifften entgegengestellet.
Von diesen Sätzen habe das Original Schreiben in Haenden. Wes fremdes Nahmen aber nun verborgen verschwiegen, um Ihm vor seine aufrichtige Sorgmüßigkeit nicht etwa des Hn. Prof. Unwillen zuzuziehen.
Zu Ende seiner praefation rechnet er mich unter die vociferatores,
In dem Schreiben an die Koenigliche Academie der Wissenschaften zu Berlin, die Untersuchung von der Electricitat, u. den von ihr bestimmten Preis betreffend zweymahl oeffentl. gedruckt worden steht pag. 5, gleich nach dem Satze: diese der Herren Johnston – - bis – nicht hin die Formen«. Dieß habe gemeynet.
Deren tentato (Versuch) – - bis – - zu vilesciren (wertlos zu werden) anfingen
Ibid: pag: 16 kurtz vor dem Mittel: zwischen mehr als zu wohl. – - was für Gespenster und Hirn Geburthen – - fast persoenlich u. ?aschaftl. worden:
Dieß habe gemeyneth nicht Hn. prof: Wincklern
quodgerrae auctorum non intellegantur (welche Possen der Autoren nicht verstanden werden)
in eben dießem Schreiben pag: 17 zu Anfang. daß ich froh bin, daß ich ihre Grillen nicht verstehe. Dieß habe gemeyneth, nicht Hn. prof: Wincklern. Ich bin ja hier ein bloßer Übersetzer.
die bedenklichen Worte: eum indigito (ich bete ihn an): etc:

Es ist viel bedenklicher wie der H. prof: dieß auf sich ziehen koenne. Gehen dieß bedenklichen Worte nicht evident auf den Verfertiger eben dießes Schreibens, welches ich als ein Meisterstück bestaendig vor Augen gehabt. u. welches ja wahrhafftig ohne Widerspruch, sub ficto simplicitatis habitu (unter der vorgespiegelten Haltung der Einfachheit), etc:
totis buccis deblaterare.
mit vollem Munde gewesen. ist das eine injurie? Da ich himmelfest weiß, daß ich dabey nicht an den H. prof: gedacht.
vincente prudentiam fortuna (der glückliche Zufall überzeugt den Verstand).
Es gibt ja mehr Leute, die noch eben das glauben. Dieß habe genüget. Mich den H. prof: u. posito, sed non concesco, dieß hier was injuriores? (und ich frage, aber weiß es nicht, was daran Beleidigungen sein sollen)
pag: XVIII, electrische Glockenspiel
Hier kan ich bethonen, daß ich noch bis dießen Augenblick nicht weiß, ob der H. prof: ein electrisches Glocken Spiel habe oder nicht. In dem Electricismo, »o sia delle forze electriche de' corpi« pag: 221 steht fig: 9 ein solch electrisch Glockenspiel, daß habe gemeynet nicht H. prof: Wincklers
(Eusebio Sguàrio, *Dell'elettricismo: o sia delle forze elettriche de' corpi svelate dalla fisica sperimentale,* Venedig 1746)
pag: XIX bläuliche Schnüre
ich will nicht hoffen, daß der H. prof: durchaus nicht vertragen konnt, wenn ein anderer Glockenspieler contrario meynung. das Wort deblaterant ist keine injurie. u. noch ein mahl ich habe die andren defensores der blauen Farbe genutzeth u. mein Hauptwerck seyn laßen, inmahlen an den H. prof: zu gedencken
Argytis vero (wahrer Bettelmönch) etc:
mir thut in der Seelen leyd, daß sich von prof: mit Gewalt unter die agyrtas rechnen will. Schon vor ein paar Jahren schrieb mir prof: Doppelmayer, daß er einen Landstreicher, so mit einer electrischen machina im Franken Land herumgezogen, den Stadt magistrat hinaus schaffen laßen. U. H. Prof: Koenig aus Franken meldet:
Il faut Vous dire que deux garçons tourneurs, venu d'Allemagne ont amassée un argent uncroyable, à Amsterdam, Rotterdam, et à la Haye, en montrant l'électricité avec un globe 4 à 5 pouces, je crois, qu'ils ont gagnè au delà des dix milles florins.
(Ich muss Ihnen sagen, dass zwei aus Deutschland gekommene Drechselerjungen eine unglaubliche Menge Geld eingesammelt haben, in Amster-

dam, Rotterdam und in Den Haag, indem sie die Elektrizität mit einem Globus von 4 bis 5 Zoll gezeigt haben, ich glaube, dass sie mehr als zehn tausend Florins verdient haben).
Dieß garçons tourneurs (machina diatretarii) habe gemeynet, beyde Brieffe noch im Original bey mir. Will was von H. prof: mit Gewalt auf sich ziehen, ich kan ja wohl in Ewigkeit nichts dafür. Sonst laße ich die gantze, ja selbst die partheyische Welt mittheilen, ob dieß garçons tourneurs auf den H. prof: geht.
pag: XIV. hominum genus in solo imitando occupatum (eine Spezies Mensch, die alleine mit Nachahmung beschäftigt ist).
H. prof. Winckler hat nach mir von den Electricitaet zu schreiben angefangen, daß zeigt das datum seines Buches unwidersprechlich. U. ich bin in meinem Gewißen überführet, daß der H. prof: immer ihm (ihm) viel nachthut. Musschenbroeks experiment hat er nicht erfunden. Hier ist er alßo gantz gewiß in solo imitando occupatus (alleine mit Nachahmung beschäftigt). U. der unvergleichl. geschickte Verfasser der bibliothéque raisonnée, wer er auch sey, schreibet tome 34, partie première pag: 20 von H. prof: Wincklers Buche sehr deutlich: Cet ouvrage est posterieur aux trois mémoires de Bose (Dieses Werk kommt nach drei Abhandlungen von Bose).
tractatulos.
conscribillat.
Haette ich wohl anstellen tractatus sezten? ich schaeme mich das lexicon anzuführen.
Gleich darauf – - bis – - facturus verba.
Ich kann betheuern, daß ich lediglich H. prof: Doppelmayer und Koenigs, darauß den Jungen, u. Gaukler genehmet. Ob der H. Prof: Winckler dahin zu rechnen, wird mich der Himmel zu gedencken bewahren.
pag: XLII, u. XLIII
Ich gestehe, daß dieße Brieff in frantzosischer Sprache an mich geschrieben worden. Weilen deßen auctor aber darinnen den H. prof: Winckler refutiret (widerlegt), ich hielt es vor unverantwortl. einen so wackren Manne, vor seine aufrichtige Schreibart, ohne, wie nunmehro am Tage liegeth des Hn. prof: Unwillen zuzuziehen. U. aus dießer Absicht, u. wahrlicht ! alß aus einer sehr loeblichen, habe einsts fünf der Brieffe ins englische übersetzt, damit ja niemand deswegen Verdruß haben könne. U. erwogen habe Erw. Hoch würdigen Magnificents auch nun, vom Aller gnädigsten allerunterthaenigsten Folge, den Theil des Brieffs communiciret, so Hn. prof: Winklern, um wo moegl. deßen auctorem zu menagiren

F (vorsorglich zu behandeln). Doch bin ich schuldig auf Befehl ihn gantz zu prononciren. Besser jedoch zugleich, sehe, ihn nicht ad acta zu hefften, oder doch mich aller hoechsten Ortes zu vorbitten, daß mein Original wieder zurück erhalten.
Endlich den rascal (Lump) belangend, ich kan, ohne im allgemeindßten anzüglich zu seyn, nichts andres thun, als von Hrn. prof: bitten, daß er sich jemand so zugleich verstehet die letzten 2 in dießer Sprache geschriebenen §§, pag: XLIII erklaeren laße, u. so dergestalt ein gantze Welt urtheilen, ob der rascal nur einiger maßen, auf den Hrn. prof: gehen koenne. Könne schreibe ich.
F welchen H. prof: Wincklern durch mich kennen lernen, auch von mir seine Bücher erhalten.
ich schmeichle mir Erw: Magnificentz werden die geäußerten Zumuthigungen des Hrn. prof: Selbst einzusehen belieben, dieße meine Antwort den unterthänigsten Brieff im Original beyzulegen belieben, u. mich Aller Hoechsten Orts zu vorbitten belieben, daß des Hr. prof: Wincklers injurieuses Beginnen wider mich bestrafet werde, u. mein Name durch seine eingegebene Klage nicht weiter gekraenket werden möge. Es ist ja in der That zu verwundern, da der H. prof: mich unstreitig imitisch seine data von Schrifften am Tage liegen, die Auslaender es vorkommen, ich ihn nach seinem eignen Geständnis niemahlen genenneth von seinen angeführten passages, eine eintzige auf ihn gehet, in welcher gar nichts verfaengliches enthalten, er doch mich bestraffet wissen will. U. da mein pars secunda Tentaminum bey auswaertigen, ja denen großen Academien, so ihn wohl aufgenommen worden, die mich auch ohne exaggeration an hydraulischen, hydrostatischen, chymischen, u. botanischen experimenten, zum allerwenigsten 100 rh (Gulden) gekostet, so soll ich der passages wegen, so auf jene Drechsler Jungen (garçons tourneurs) zielet, um H: prof. Wincklers halben bestraffet werden. Daß werden die Gelehrten gar nicht mehr dissentiren dürffen (damit dürften die Gelehrten nicht übereinstimmen).
ich ersterbe mit der allervollkommensten Hochachtung
Erw: Hochwürdigen Magnificentz
ganz gehorsamßter Diener
Bose

Brief von Samuel Koenig
A Franequer en Frise Le 6 octobre 1746.
Monsieur

Je puis me figurer, quel aura eté Votre etonnement de ne point recevoir de me nouvelles, et quelle sere Votre surprise maintenant de voir arrivez une reponse à Votre Lettre, une pleine année plus tard q'elle n'auroit dû venir. Receves en deux mots Monsieur l'Explication de cette singularité. Votre lettre avec le paquet que Vous avez eû La bonté de me destiner, etant arrivé icy, dans le terre que je me trouvois absent, dans la province d'Utrecht avec Msgr. Le Prince d'orange et de Nassau, mes gens ont jugé a propos de m'envoier Votre paquet, avec diverses autre Lettres et Livres â soesdyk, ou je sejournois alors. La cassette aiant eû le malheur de ségarer a Amsterdam, sans que j'aye eté averti de l'Envoy que deux mois apres, Son sort est devenû si Embrouillé pendant cet intervalle, que je n'aye jamais pû decouvrir, ce qu'Elle etoit devenue, et comme ni le paquet ni les lettres n'avoient eté ouverts, que je ne pouvois point m'adviser a qui je devois faire excuse a cet Egard. Par le plus grand hazard du monde qu'il seroit trop long de Vous detailler, et de mes amis vient de decouvrir cette cassette, et de me la renvoyer, en parfaitement bon Etat; J'y ai trouvé Votre Lettre, et Vos dissertations, avec une autre de Mr. Gruber d'Hannover, et quelques autres, et je suis au desespoir d'avoir commis cette impolitesse involontaire, envers tant de personne, que j'estime. J'en fais mille excuses en particulier a Vous Monsieur, qui avais pris La peine de m écrire une Lettre si longue, et si bien detaillée, sur toute ce que Vous avois demendé dans celle que j'aye eû l'honneur de Vous adresser. Vous pardonneres. s. v. p. cette rusiticité apparente, puisque Vous voyes bien, qu'a moins d'etre un peu forcier, il n'etoit pas naturel, que je fisse autrement. Je devrois Vous repondre maintenant sur le contenû de Votre Lettre, mais le fit des choses a si fort varié du depuis, que je ne sai pas trop d'ou le reprendre. J'ai lû Vos disertations avec grand plaisir, et je Vous remercie du cadeau que Vous m'en faite, j'y trouve bien des bonnes choses, qui meritent que Le public Vous ait obligation de les avoir ecrites. Quant a L'Electricité Elle même, je Vous dirai que peu de semaines après Vous avoir ecrit ma precedente, divers globes d'angleterre, et quelques autres faites de grosses bouteilles d'un verre verd, m'ont mis en etat de voir, et montrer aux autres une bonne partie, des merveilles dont Vous aves le premier fait mention dans Vos ecrits, j'ay eté obligé de faire ces Experiences devant Leurs altesses Seren. et Royalles, Le Prince et La Princesse d'orange, ou par bonnheure, Elles ont eû un succès que je n'avais jamais eû auparavant, ni que j'ay pu ratraper du depuis. Un des Phenomenes Les plus curieux etoit, que les habits de draps d'or, ou des draps d'argent touchés de L'Extremité du doigt, ne lançoient pas seulement où quelques Etincelles a L'opposite du doigt, mais sur toute La surfacie de tous les points egalement, accompagnes de violentes piqures, pour la personne, qui portoit l'habit. Les Extremites des habits et les cheveux devenoit lumineux, L feu spontanée praissoit de toute part: Mais pour la Beatification tel que Vous La decrives, Serviteur très humble: quelques peine que jaye pris, je n'y ai jamais pu parvenir, ni qoi que se soit dans ce pays cy (wahrscheinlich icy), au point que plusieurs ont voulû douter, de la realité de ce Phenomene; pour moi je le crois, sur Votre parole très fort, quoique j aye perdu l'Esperance de le voir jamais. Comme je n'aprens point que d'autres aprés Vous, ayent eû le bonheur d'imiter cette experience, Elle Vous demeure inconstablement, quoique Vos Envieux de Leipzig, en puissent dire. Dans ce même sens, la fameuse experience du verre d'eau a pris naissance, le Prince vouloit, qu'on electrisat un verre de Mecure, pour voir, s'il jetteroit des Etincelles aussi vives, que les Metaux, comme il etoit naturelle de le faire en y plongeant un baton de fer, attaché au tuiau electrise, ce Phenomene du coup s'est d'abord manifesté, et l'aiant mandé a Mr. Musschenbroek, il a essaié sur d'autres Liquides, et de la on est parvenû ce Phenomene singulier, qui doit avoir couté cher au pauvre Doppelmayer: comme Vous en seres mieux informé que moi. Après qui on an travaillé icy avec le globe, on en est revenû aux tubes, par Le moyen desquels on est parvenû a allumer l'Esprit de Vin, et a executer plusiers choses, qu'on n'avoit pas pû auparavant effectuer. Un de mes amis nommé Mr. Allemand, demeurant a Leyde, a fait plusiers Experiences avec le Tube, et il a publie ses observations dans une Lettre a Mr. Folkes president de l'academie de Londre, ou societe Royale, imprimée dans le dernier journal de la Bibliotheque Britannique. L'analogie entre Le tube Electrique, et l'aimant, me paroit l'observation La plus interessante; que la partie du tube vuide attire, pendant l'autre remplie de Sable repousse. Moi même j ay remarque une chose fort plaisante dans le Tube Electrisé. Nemlich daß die Electricitet in vollkommenen Schraubengängen in der geriebenen röhre laufet. Tres souvent je suis parvenû a rendre Le tube semblable a une vis parfaite. La lumiere tournant autour regulierement en spirale parfaite, ce qui faisoit un Effet fort singulier dans les tenebres: et comme les tuiaix qui se selnt se selnt toujours en spirale, cela fait soupçonner, que c'est sa la direction des pores du verre. Cecy est tout Le rest, sont des fruits, des observations de l'hiver passe, dudepuis je n' y ai pas remis la main, empeché par des voiages pendant L'Eté, et maintenant par des colleges de Metaphysique, et de Morale qui me prennent tout mon tems. L sort de Doppelmayer me fait aussi peur, je ne voudrois pas devenir la dupe, de ma curiosité. Quant à l'angleterre, je n'ai rien a Vous mander de ce pays, qui merite Votre curiosité a cet Egard, tout ce que Vous avez fait, est ce que nous avons fait icy du depuis, occupe Leur curieux jusquicy; autant qu'il en est parvenû a ma connoisance, et ils n'ont point encore rencheri la dessus, ce qui ne manqueront pourtant pas de faire a la suite du tems. Mr l'abbé nollet travaille beaucoup, mais je n'ai point apris qu'il ayt rencontré quelques nouveau Phenomenes d'importance. Quant â la cause de ce merveilleux Phenomene, Vous me permettre de m'entenir au, non liquet, et de suspendre absolutment mon jugement. Jene desapprouve point, ce que Vous avez ecrit a ce Sujet, j y trouve du genie, et de l'Invention, mais je ne sai, par des notions confuses plutot, que distinctes et developées, j ay un pressentiment tres fort, que cette cause est tout autre chose que nous soupconnons. Que cela et une matiere subtile, du Corps Electrique, cela me semble clair. Mais de quelle Espece est Elle? Selon qu'Elles loix, soit des solides, soit des fluides agit Elle? Les ci grands Phenomenes de l'univers n'y tiennent ils point? Toutes ces questions et leurs semblables, doivent être prise ad referendum selon moi. En attendant je Loui fort ceux, qui attaquant ce grand Problème par la voye des Hypotheses, ouvrent des vües a de nouvelles Experiences, decisives; et qui montrent par la, ce qui est dans notre pouvoir, ce qui ne l'Est pas. Pour moi Monsieur, je Vous avouï, que je me perds dans l'abime de ces merveilles. et je me trouve dans la même situation, que si on me menoit dans le pays des Fées et qu'on me demandant, une explication Physique, des Evenemens que j y verrois. En un mot que je n'y entends riens. Si Vous avez quelques files d'ariadné a me jetter je Vous crie, domine miserere mei: Si je pouvais Vous rendre quelque Service dans ce pays Monsieur, soit pour des nouvelles, soit pour autre chose, ayes la bonté de disposer de moi librament: Je me ferai toujours un plaisir de Vous temoigner dans toutes les occasions, avec combien de consideration et d'Estime, jay L'honneur d'être

Monsieur

Votre très humble et très obeïsant serviteur

S. Koenig.

Il faut Vous dire que deux garçons tourneurs, venu d'Allemagne ont amassée un argent uncroyable, à Amsterdam, Rotterdam, et à la Haye, en montrant l'électricité avec un globe 4 à 5 pouces, je crois, qu'ils ont gagnè au delà des dix milles florins. Si Vous aviez eté icy, avec Votre apparat, Vous auriez pû Vous enrichir en moins de deux notas (? oder mots). Le concours des curieux, etoit incroiable, si â l'heure qu'il est, quelqu'un pouvait reussir a montrer la Beatification telle que Vous La decrives , il pourroit lun faire ses afairès.

Votre discours Allemand me plait fort: Avez Vous poussez cette matiere dudepuis. Je l'avoit vu il y a longtems, Est ce queles Huzzards Prussie ne vous ont pas demandé compte des Pierreries de Wittenberg, dont Vous leur indiques L'Estimation? J'y ai pense plus d'une fois lorsque les prussiens etoit entré chez Vous: Vous ne pensiez pas, predire si vray.

Brief von Nollet an Bose, wahrscheinlich vom 26.6.1746. (Abschrift von der Hand Boses)

Monsieur,

Ayant manqué l'occasion que vous m'aviez indiquè dans votre derniere lettre, pour vous ecrire dans le temps de la foire de Leipsic, j'en aye attendu une autre & Mr: Schoepflin, qui est presentement à Paris, me l'a offerte très- obligeamment, non seulement pour cette fois, mais encore pour la suite. Comme vous etes en Correspondance avec Lui, si vous voulez bien, il deviendra le mediateur de la nôtre et je vous promets d'étre plus exact à l'avenir, parce que je ferai un peu plus maitre de mon temps, lorsque je ferai quitte la cour, où je suis depuis prés de trois ans. Je suis très – flatté, de ce que mes pensées sur l'électricité ont trouvé graces devant Vous. Comme vous étes fort au fait de cette matiere, Vôtre suffrage me fait croire, qu'elles ont quelques merite mais je Vous supplie, de ne vous point rendre, par trop de complaisance. Si Vous avez quelques difficultés, vous m'obligerez sensiblement de me les proposer avec une entiere liberté, à charge de revange. Car je Vous regarde comme un homme, qui cherche la verité de bonne foi, et je la cherche de même. Je viens maintemant aux articles de Vôtre derniere lettre. Il n'est pas douteux, que le verre mince l'électrise plus promtement, que celui, qui est plus epais: mais il me paroit constamment, que celui – ci prend une électricité plus forte, et qu'il la garde plus long temps. Mais une chose qui est bien vraie, et bien. Singuliere à mon avis, c'est, que tous les globes que je fais faire ici, de nôtre verre blanc & commun, ne sont presque peu électrique d'abord, mais il le deviennent peu à peu, à force d'étre exercé de sorte, qu'aprés quelques semaines d'usage, il se sont eminemment. Vôtre verre brun, dont ont fait Les bouteilles à mettre le vin, devient aussi très – électrique, & plus électrique qu'aucun autre que je connoisse, mais c'est toujours, et aprés avoir servi quelques temps. L'odeur qu'il rend a quelque chose de different, & de plus sensible que Les autres verres.

Vôtre experience foudroiante dans le vuide m'a moins surpris par elle même, que par la force de son effet. Et je sais en général, que toute vapeur dilatée fait plus d'effet à beaucoup prés, que l'air même et j'en ai averti dans ma 10e leçon, tome 3, pag: 289. mais ce qui Vous est arrivé à cet égard, passe tout ce que j'ai vû arriver en ce genre. L'objection que Vous vous faites, sur ce, que les corps voisins, selon nôtre opinion commune, devroient rendre l'électricité plus forte, n'en est point une. C'est en contraire une preuve de plus en nôtre faveur. Car prenez y bien garde. Jamais Vôtre ignis foemina, ne sera plus fort & plus sensible, que quand on approchera de fort prés, un corps solide & sur tout un corps animé, ou metallique, de la barre de fer d'ou il doit sortir. Les aigrettes lumineuses s'animent, dès qu'on approche quelque corps non électrique, capable de fournir beaucoup de matiere affluante. Il est vrai que la proximité des corps solides, n'a cet effet, que dans le cas d'une électricité forte; mais faites attention, que cet état, qu'on appelle électricité, depend de deux courants de matieres qui vont en sens contraires. Quand ces deux courants, n'ont pas des forces à peu prés égales, l'un fait tort à l'autre. etc:

Je ne sais pas, comment mr: Winckler s'y prend pour rendre la flamme électrique, mais je sçais, à n'en pas douter, que la flamme detruit l'électricité d'un tube, qu'on lui presente à quelques pouces de distance; et qu'un morceau de papier suspendu, n'en est plus attiré, tant qu'il est enflammé.

Mr: de Reaumur m'a pretté la dissertation de Mr: Waitz, dont j'ai fait traduire la plus grande partie. je Vous avoüe, que j'ai été fort surpris, d'y trouver la doctrine, dont Vous me parlez dans Vôtre lettre, & sur tout l'article des émanantions lumineuses, qu'il pretend, ne pas venir du corps electrisé. Si quelqu'un me disoit en me montrant un jet d'eau; cette eau que vous croyez voir sortir du tuiau, qui est à fleur du bassin, est au contraire un fluide, qui se precipite de haut en bas pour y entrer; je Lui dirois, approchez Vous, & observez, que, quoique cette eau s'éleve avec une grande vitesse, on distingue cependant assez visiblement, que les parties ont un mouvement progessif de bas en haut. mais si Vous `n'en croiez pas vos yeux, portez y la main, & l'impulsion que Vous ressentirez vous dira, quelle est sa vraye direction. Ne peut on pas dire la même chose à peu prés des émanations lumineuses? Ce qui a fait illusion à Mr: Waitz est, qu'en effet les aigrettes ne s'enflamment, que par le choc d'une matiere affluente, et que cette matiere affluente, qui va au corps électrisé, se voit sensiblement en plusieurs occasions, surtout quand on force l'électricité. Electrisez un homme par un temps favorable; qu'il presente son doit, index par exemple, à la paume de la main d'un autre homme non électrique; le doit du premier fait une aigrette plus belle & plus vive que ne pourroit faire la pointe d'une épée, ce qu'il ne feroit pas, si l'autre ne lui presentat la main de fort prés. Parce que cette main non électrisée fournit plus de matiere affluente, que l'air, ou tout autre corps. Ou bien, celle qu'elle fournit, sans étre plus abondante, a plus de force. Si au lieu de la main, l'homme non électrique presente aussi le bout doit, alors la matiere affluente qui en vient, sortant ou avec plus de vitesse, ou plus abondamment que la paume de la main, paroitra assez souvent sous la forme d'une aigrette enflammée.

Seroit il possible, que dans le grand nombre d'experience, que Vous avez faites, vous n'aies jamais électrisé de grosses barres de fer, environ de poids de 60 à 80^{tb} (Livres)? Esfaies y je vous prie, et vous verrez L'électricité bien plus à vôtre aise, qu'avec des verges legeres, avec des epées, etc; mais attendez le froid, & le vent du nord.

Vous connoissez, il y a long temps l'experience de Leyde, que rencontra par hasard un certain Mr. Cuneus homme curieux; et dont Msfrs: Alamann & Musschenbroek de la même ville, ont fait part à tout le monde Sçavant. Cette experience est terrible, quand la barre conductrice est fort grosse & fort pesante, comme de 60 à 80^{tb} En essaiant l'experience de cette maniere, je suis parvenu à tuer des oiseaux, et je ne doute pas, que l'hiver prochain, ou même cet automme, je ne vienne à bout de foudroier des quadrupedes. mes oiseaux électrisés jusqu'à mort, ont été ouverts sur le champ, et les petits cadavres se sont trouvés tout echimosés, tant en dedans, qu'au dehors & le sang épanché considerablement dans la poitrine. Ce qui ressemble beaucoup aux cadavres des gens frappées de la foudre. j'applique plusieurs personnes en même temps à l'experience de Leyde, en les faisant se tenir par la main. il suffit alors, que le premier de la bande soutienne le vase, & que le dernier tire l'étincelle, La commotion se fait sentir à tous, dans un clin d'oeil. J'ai fait cette experience devant le Roi avec 200 personnes. Qui ecrit finis? Je crois, qu'avec deux milles elle reussira de même.

Rien est il plus propre à prouver, que la matiere électrique est un fluide, très- subtil, très – elastique, et repandu par tout, dedans comme en dehors de tous les corps? Et cette commotion subtile, dont il est susceptible, n'est elle pas bien analogue à celle, qui rend la lumiere sensible? Si vous voulez faire voir, que les deux matieres (celle de l'électricité, et celle de la lumiere, si tant est ce fait pas la même, pour moi, je le pense) Si di – je, Vous voulez faire voir, combien elles different peu l'une à l'autre, repetez l'experience de Leyde, avec deux hommes, qui tiennent chacun par un botut (wahrscheinlich botun = Hanf), un tube de verre, plein d'eau, ou quelques autres corps diaphane, qui ne soit ny gras, ny sulphureux; au moment de la commotion, vous verrez l'eau du tube devenir lumineuse, jusqu'à une certaine distance; et les hommes le paroitroient eux mêmes, j'en suis persuadé, s'ils etoient diaphanes.

Cette experience de Leyde m'a donné lieu, de faire bien des observations curieuses, qui toutes, ou presque toutes, confirment Les idées que j'ai, sur les causes de l'électricité. Les bornes d'une Lettres ne me permettent pas de les detailler ici. mais j'infererai les plus considerables dans un petit ouvrage que fais imprimer, et dont je manqueroi pas de Vous faire part, dés qu'il sera en état de paroitre.

Je Vous suis bien redevable des exemplaires de vos ouvrages, que j'ai reçeus et lus avec beaucoup de satisfaction. On ne peut de plus obligeant, que tout ce que vous avez mis qui me touche dans Vôtre dernier écrit sur l'électricité. Je m'en suis fait honneur à l'Académie, qui an conçu de Vous des idées conformes à Vôtre merite.

J'ai bien entre les mains L'ouvrage allemand de Mr: nollet, mais je serois bien curieux d'avoir les autres pieces, qui ont été imprimées en même temps à Berlin sur la même matiere. On dit, qu'il y en a une en françois. Faites moi la grace, de me procurer tout ce qui paroit dans vôtre pays sur l'électricité, & je vous enverrai tout ce qui paroitra ici, trés ponctuellement.

Je Vous supplie, d'accepter comme un hommage, les trois premiers tomes de mes leçons de phisique, dont Mr: Schoepflin a bien voulu de se charger. Le 4 est sous presse, et je Vous l'enverrai de même, dés qu'il paroitra.

Il est vrai, que Mr: Godin s'est fixé à Lima, et que sa place vaut environ 15000^{tb} de nôtre monnoye ainsi il n'a pas été tué, comme on l'avoit dit. ce qui a pu donner quelque equivoque est, que le chirurgien, que ces Msfrs: avoient mené avec Eux, a été tué en effet, dans une emeute populaire.

Je Vous demande par graçe, de me dire, s'il faut prendre à la Lettre, ce que Vous dites de la beatification. avez Vous un moien de rendre un homme tout lumineux, d'une lumiere continüe et spontanée, sans qu'on

en approche les mains? Si cela est, apprenez m'en la procédé bien clairement. ny moi, ny qui que ce soit que je sache, n'a encore pu reussir. Cependant j'ai eu l'électricité bien forte.
J'ai l'honneur d'étre avec un attachement sincere
Monsieur
Vôtre tr: h: & tr: ob:
serviteur l'Abbé Nollet
Cette Lettre n'a point de date. mais elle me vint avec une autre de Mr: Le Chevalier de Reaumur, datée Le 26 Juin. 1746.

Der genannte Godin war der Mathematiker Louis Godin (1704–1760), der sich seit 1734 in Lima im Rahmen einer Expedition zur Vermessung der Form der Erde aufhielt.

Brief von Musschenbroek an Réaumur aus Leiden am 20. Januar 1746
Quoniam hanc chartam non omnino impletum video lubet tecum communicare Experimentum aliquod novum, sed terribile, quod velim ne ipse capias, *nec oblato licet mihi toto Galliae Regno, repetarem impetum expertus, et Dei propitio favore servatus.* Occupabar in detegendis Electricitatis viribus: Tubus ferreus AB ex filis servicis coeruleis suspendebatur, Globus vitreus celeriter circumactus fricatusque, ponebatur prope alteram extremitatum A, et suam vim electricam cum tubo hoc ferreo AB communicabat: Prope alteram extremitatem B positum erat filum Oeneum CD, libere pendulum; manu dextra F capiebam globum vitreum D aliquo usque impletum aqua in quam propondebat filum; manu sinistra E conabarelicere Scintillas crepitantes quae ex tubo ferreo avolant indiguum; mox manua dextra F afficitur tanta vi ut contremiscat totum corpus, non aliter quam si quio a fulmine percuritur: Vitrum ut cunquetes ne nonsolet frangi, nec manus deprimi; sedafficitur et brachium et totum: corpus aliquo modo terribili quem exprimare non possum. Opinatur de me actum esse. Sed audi Paradoxa: Quando capitur hoc Experimentum cum Globo D facto ex Vitro Britannico, affectus est nullus, aut fere nullus, Sed capiendum est D sit globus, sufficie vas quodcunque ex quo bibitur vinum, vel Cervisia nec refere sive fuerit magnum vel parcum; crassum, tenue; altum vel humile, qualis cunque, etiam fuerit figurae, sed necessarium est ut Vitrum sit Germanicum vel Bohemicum. Globus D mihi fere lethalis, erat diametri 5 pollic. Vitri tenuissimi albi. Sed plurima alia Phenomina quae nunc omitto, simul conspiciuntur. Sufficit ut homo

stet tantum in Solo; verum necesse ad idem homomanu capiat globum, et altera mana eliciat Scintillas: Effectus est exiguus si fuerint duo homines et alter capiat globum, alter collegat scintillas. Si Globus D insistat Vasi metallico, supra Tabulam Ligneam, et quis digiti apice tetigerit Vas metallicum, et altera manu eliciat Scintillas, etiam percelletur Vi immensa. Quam plurima quo spectant Electricitatem dettexi, et eo usque perveni ut explicare possim nihil, intelligam nihil. Verum Chartam satis impleo.
Leydae 20 Januarii 1746
Aus: Observation de Monsieur Musschenbroek lus par Monsieur Réaumur. Académie Royale des Sciences. Procès Verbaux 65: 4–6. Kursiv die Auslassungen Nollets.

Die Übersetzung Nollets in der modernisierten Schreibweise Figuiers und mit eingefügten Hinweisen auf die Handzeichnung Musschenbroeks, die bei Nollet nicht fehlen:
»Je veux communiquer une expérience nouvelle, mais terrible, que je vous conseille de ne point tenter vous-même...

Je faisais quelques recherches sur la force de l'électricité. Pour cet effet, j'avais suspendu à deux fils de soie bleue un canon de fer A, B, Fig. 1 qui recevait par communication l'électricité d'un globe de verre que l'on faisait tourner rapidement sur son axe pendant qu'on le frottait on y applicant les mains; à l'autre extrémité B pendait librement un fil de laiton dont le bout était plongé dans un vase de verre D rond, en partie plein d'eau, que je tenait dans la main droite F, et avec l'autre main E j'essayais de tirer des étincelles du canon de fer électrisé. Tout d'un coup ma main droite F fut frappée avec tant de violence, que j'eus tout le corps ébranlé comme d'un coup de foudre; le vaisseau, quoique fait d'un verre mince, ne se casse point ordinairement, et la main n'est point déplacée par cette commotion; mais le bras et tout le corps sonst affectés d'une manière terrible que je ne puis exprimer, en un mot, je croyais que c'était fait de moi. Mais voici des choses bien singulières: quand on fait cette expérience avec un verre d'Angleterre, l'effet est nul ou presque nul; il faut que le verre soit d'Allemagne, il ne suffirait pas même qu'il fut de Hollande; il est égal qu'il soit arrondi en forme de sphère ou de toute autre figure; on peut employer un gobelet ordinaire, grand ou petit, épais ou mince, profond ou non; mais ce qui est absolument nécessaire, c'est que ce soit du verre d'Allemagne ou de Bohême: celui D qui m'a pensé donner la mort était d'un verre blanc et mince, et de cinq pouces de diamètre. La personne qui fait l'expérience peut être placée simplement sur le plancher;

mais il faut que de soit la même qui tienne d'une main la vase D, et qui, de l'autre main, excite l'étincelle; l'effet est bien peut considérable si cela se fait par deux personnes séparées. Si l'on place le vase D sur un support de métal porté sur une table de bois, en touchant ce métal seulement du bout du doigt et tirant l'étincelle avec l'autre main, on ressent un très-grand coup«.

Anmerkungen

1 Bestellsignatur; Rep. 1 (Archiv der Universität Wittenberg), Nr. 3255.

2 Die drei Briefe, die Bestandteil der Auseinandersetzung waren, sind im Anhang der Akte mit A. B. C. D. bezeichnet, in der Reihenfolge Johann Gabriel Doppelmayr, Samuel Koenig und Abbé Nollet ohne Datum (Bose nennt das wahrscheinliche Datum am Ende dieses einzigen von ihm selbst kopierten Briefes: 26. 6. 1746), so dass wohl alle trotz teilweise verschiedener Schrift in Abschriften vorliegen. Das entspräche der Abmachung der Universität Wittenberg mit Bose, der ausdrücklich darauf bestanden hatte, keine Orginale in die Akten aufzunehmen. Eine besondere Abschrift ist C. Hier handelt es sich um einen Teil der lateinischen Vorrede aus Boses *Tentamina II*, bei der der Schreiber einen langen Teilsatz, wenn nicht versehentlich, dann auf Boses Anweisung nicht abgeschrieben hat, so dass der Sinn entstellt wird. Das Missgeschick, wenn es denn eines war, passierte gleich zu Beginn mit »*vortices electricos* <u>*somniare; ambram cum succino: Gravesande cum Hausbeio confundere; Grayo et Fayo validas scintillas electricas*</u> *denegare*...« Die unterstrichenen Teile fehlen. Dadurch heißt es in der Abschrift »*vortices electricos denegare*...«, also ganz harmlos »elektrische Wirbel leugnen«. In den *Tentamina* steht: »von elektrischen Wirbeln faseln, Bernstein mit Zucker, Gravesand mit Hauksbee verwechseln; Gray und du Fay die gültigen Funken absprechen«. Teil C war eigentlich Bestandteil von Boses Rechtfertigung, wurde aber nach einer Notiz Boses für den Kopisten herausgenommen.

3 Christian Petersen, Geschichte der Hamburgischen Stadtbibliothek. Hamburg 1838. S. 79.

4 Neu=entdeckte Phaenomena von bewundernswürdigen Würckungen der Natur, welche bey der fast allen Cörpern Electrischen Krafft und dem dabey in der Finstern mehrentheils Erscheinenden Liecht einige berühmte Mitglieder der preißwürdigen Koenigl. Engl. Societaet der Wissenschaften, vornehmlich aber, Herr Hauksbee und Herr Gray in London und nach einer weiteren Untersuchung, Herr du Fay in Paris durch viele Experimenta, zu unseren Zeiten glücklich hervorgebracht, und in unterschiedlichen Wercken dem Publico mitgetheilet, vorjetzo wegen ihres besonderen und sehr nützlichen Innhalts, in einem Systemate vorstellig gemacht, mit vielen nöthigen Anmerckungen und Figuren, auch zu letzt mit allerhand physicalischen Betrachtungen und einer dienlichen Hypothesi erläutert Johann Gabriel Doppelmayer ... Nürnberg 1744.

5 De Electricitate Inflammante Et Beatificante. Commentarius III. 1. Mai 1743.

6 The Philosophical Transactions Abrigded Band X, 1809, S. 13. Auszug aus den Philosophical Transactions 494, 1750, S. 348.

7 »He says, if in electrizing you employ large globes, and place a man on a large cake of pitch, by little and little a lambent flame arises from the pitch, and spreads itself around his feet; from hence by degrees it is propagated to his knees, his body, and at last to his head: that then, by continuing the electrization, the man's head is surrounded by a glory, such a one in some measure, as is represented by painters in their ornamenting the heads of saints: that in this state if the electrized man is touched by one that is not, the pain felt by both is very severe, reaches from the finger to the shoulder, and remains a long time. Professor Bose, in another part of his writings, says that the beatification indeed does not always succeed with him; that sometimes, when other circumstances have been very favorable, a man will be beatified by 1 sphere in two minutes; at other times, 2 oder 3 globes will not do it under 6 or 8 minutes; and even at sometimes after 20 minutes, when 5 or 6 globes were made use of, no light has been visible; that under the sames circumstances, when one person was capable of being beatified, another was not. This is a short account of Professor Bose's beatification, given in his writings, in which nothing of what his says essential to the operation is ommitted«.

8 »As to my beatification, I am highly obliged to you for writing to me so freely and candidly about it; and I will discover to you my whole artifice without any retention, though I concealed the same from all my friends and correspondants. Now, sir, it is true that I have embellished a little my beatification by my style and expressions; but it is also true, that the basis of the phenomenon is constant. I found in our armoury at Leipzic, a whole suit of armour, which was decked with many bullions of steel; some pointed like a nail; others in form like a wedge; others pyramidal. In the dark, you well know, that not all, but very many, of the said bullions will sparkle and glister with tails like comets: and it is clear, that when the electricity is very vigorous, the helmet on the head of the person electrized will dart forth rays like those round the head of a canonized saint; and this is my beatification. You are the first, sir, with whom I trust my mystery, which if you communicate to the R. S. I hope you will take care of its being inserted in the Phil. Trans., that the beatification did not succeed until I communicated my method. Many people have imagined this experiment of mine to be extravagant and false. If the armour is not ornamented with the steel bullions, I believe it will not succeed. If the armour ist well enriched with bullions, and well polished, the comets appear twice, once in the air, and once by reflection from the armour. A stomacher, or a doublet, set with nails or needles, will exhibit a small degree of beatification«.

9 Göttingische Zeitungen von Gelehrten Sachen auf das Jahr MDCCXLIV (1744, 3. Stück, S. 30).

10 Tentamina 1744, S. 65.

11 Der Briefwechsel zwischen Christian Wolff und Ernst Christoph von Manteuffel 1738 bis 1748. Transkriptionen aus dem Handschriftenbestand der Universitätsbibliothek Leipzig (Signaturen MS 0345, MS 0346, MS 0347). Open Access-Publikation des DFG-Projekts Historisch-kritische Edition des Briefwechsels zwischen Christian Wolff und Ernst Christoph Graf von Manteuffel Teil 2. Brief Nr. 168. http://nbn-resolving.de/urn:nbn:de:bsz:14-qucosa-106475.

12 1769 CCTher. 73 § 15, Constitutio criminalis Theresiana.

13 Die Zitate der *Altonaer Gelehrten Zeitung*, der *Schlesischen Zeitung*, von Gottsched, Bose an Lange, und Rosenberg aus: Johann Christoph Gottsched in seiner Zeit: neue Beiträge zu Leben, Werk und Wirkung. Herausgegeben von Manfred Rudersdorf. Berlin 2007. S. 190 ff.

14 Der nahezu vollständige Brief, von Nollet ins Französische übersetzt, findet sich im zweiten Band *Mémoires de Mathématique et de Physique Tirés des Registres de l'Académie Royale des Sciences* von 1746 auf Seite 2. Der erste Teil der *Mémoires* gibt nur einen Bericht Nollets über den Versuch Musschenbroeks wider. Nollets Übersetzung enthält nicht die im lateinischen Original vorhandene Handzeichnung von Musschenbroek. Gedruckt lag der übersetzte Brief erst 1751 vor (Histoire de l'Académie Royal des Sciences 1746, Paris 1751).

15 Louis Figuier, Les Merveilles de la Science. Paris 1867. Tome 1, S. 461–462. Figuier nennt fälschlicherweise den 20. April 1746 als Briefdatum. Das ist das Datum von Nollets Vortrag vor der *Académie*.

16 Thomas Trajkovits, Der Leipziger Kaufmann und Manufakturist Andreas Dietrich Apel und sein Garten. in: Ernst Ullmann (Hg.), Die ganze Welt im Kleinen. Kunst und Kunstgeschichte in Leipzig. Leipzig 1989, S. 103–116.

17 Das jetzt lebende und florirende Leipzig. Leipzig 1723, S. 94.

18 Jetztlebende Kauffmannschaft In und ausser Deutschland, Erster Versuch. Leipzig 1743. S. 40.

19 A. a. O., S. 5.

20 Eduard Sommer, Das Vaterland der Sachsen, Mittheilungen aus Sachsens Vorzeit und Gegenwart. Dresden 1840. Lief. 27, III. Band, S. 117.

21 Johann Christoph Gottsched Briefwechsel Hg. von Detlev Döring und Manfred Rudersdorf. Berlin/Boston 2017, Bd. 11, S. VIII-IX / Elektrisierte Theologie: Johann Heinrich Winckler und die Elektrizität in Leipzig in der Mitte des 18. Jahrhunderts, in Musik, Kunst und Wissenschaft im Zeitalter Johann Sebastian Bachs, ed. by Ulrich Leisinger and Christoph Wolff (New York: Georg Olms Verlag, 2005), S. 51–66.

22 Eunomia oder die Pflichtenlehre des Christenthums von Johann Heinrich Lehnert. Berlin 1835, S. 82.
23 Johann Hübners vollständige Geographie Dritter Theil. Dritte und vermehrte Auflage. Hamburg 1736, S. 101.
24 Jacob Burckhardt, Weltgeschichtliche Betrachtungen, München 2018, S. 217.
25 Essai de Physique: avec une description de nouvelles sortes de machines pneumatique, et un recueil d'expériences. 2 Bände, Leyden 1739.
26 Christian August Hausen, Novi Profectus in Historia Electricitatis, mit einem Vorwort und einer Biographie Hausens im Verlag von Theodor Schwan in Quedlinburg. Breitkopf in Leipzig noch im gleichen Jahr ein Raubdruck ohne die Abbildung der Elektrisierkugel, und 1746 folgte eine weitere Auflage, die heute hauptsächlich in den Bibliotheken zu finden ist, und die Abbildung der Elektrisierkugel in der Quedlinburger Ausgabe von 1743 ebenfalls nicht enthält.
27 CERL Thesaurus.
28 ADB 44, 1898, S. 578–580 (Online-Version).
29 Jan Daniel Andrzej Janocki, Lexicon derer itztlebenden Gelehrten in Polen, Zweyter Teil. Breßlau 1755. S. 3 ff.
30 Carl Eduard Vehse, Geschichte der deutschen Höfe seit der Reformation, Band 14, 2. Abteilung Österreich Band 8. Hamburg 1852, S. 89–94.
31 Erasmus Leopold von Gersdorff, Ihrer Königl. Maj. in Pohlen, [et]c. als Chur-Fürstens zu Sachsen, [et]c. [et]c. Mandat, Die Einschränckung der Anzahl derer Juden und ihres Handels betreffend : Ergangen De Dato Dreßden, den 16. Augusti, 1746. Dresden 1746.
32 ADB online.
33 Samuel Christian Hollmann, Primae Physicae Experimentalis Lineae (Grundlinien der experimentellen Physik) Göttingen, 1742
34 Adam Friedrich Glafey, Kern der Geschichte des Hohen Chur= und Fürstlichen Hauses zu Sachsen. 4. Auflage Nürnberg 1753, S. 312.
35 Weltenglanz. Der Mathematisch-Wissenschaftliche Salon Dresden zu Gast im Maximilianmuseum Augsburg. Deutscher Kunstverlag Berlin München 2009. S. 234 f.
36 NDB 15, 1987, S. 66, Onlineversion.
37 Gabr. Christ. Benj. Busch, Handbuch der Erfindungen. Eisenach 1807. Band 4, S. 116 / Versuche und Abhandlungen der naturforschenden Gesellschaft in Dantzig. Daniel Gralath, Geschichte der Electricität. Band 1, S. 300.
38 Johanna Oehler, »Abroad at Göttingen«: Britische Studenten an der Universität Göttingen als Akteure des Kultur- und Wissenstransfers 1735-1806. Göttingen 2016, S. 114.

39 Daniel Schneider, Georg Melchior von Ludolf: Vollständige Hoch-Gräflich-Erbachische Stamm-Tafel : nebst deren Erklär- und Bewährungen, oder Hoch-Gräflich-Erbachische Historie aus angefügten wahren und grösten Theils noch niemahls heraus gekommenen Urkunden …, Samt einer vollständigen Geographischen Beschreibung der gantzen Graffschafft Erbach, mit vielen zur Erklärung dienenden Kupffern, wie auch vollständigen Land-Charte und Registern. Frankfurt am Main 1736.

40 Die neue europäische Fama, welche den gegenwärtigen Zustand der vornehmsten Höfe entdecket. Der 145ste Theil 1747, Band 13, S. 1045.

41 Geschichte der jetztlebenden Rechts-Gelehrten in Teutschland, und zum Theil auch ausser demselben, als ein Rechts-Gelehrten-Lexicon in alphabetischer Ordnung, nebst einer hierzu dienlichen Vorrede, Band 2, S. 660. Schubarth, Merseburg 1748.

42 Essai sur la nature, les effets et les causes de l'électricité, avec une description de deux nouvelles machines à électricité. 1751 erschien in Amsterdam eine holländische Übersetzung in einem Sammelband zusammen mit der Preisschrift von Waitz: Nieuwe natuurkundige ontdekkingen, aangaande de eigenschappen, werkingen, en oorzaaken der electriciteit, of uitlokkings-kragt.Including:(2) WINCKLER, Johann Heinrich. De eigenschappen der electrische stoffe, en van het electrische Vuur.(3) WAITZ, Jacob Sigismund von. Verhandeling over de electriciteit, en derzelver oorzaken.Amsterdam, H.W. van Welbergen, 1751. 3 parts in 1 volume. 8vo. With 11 engraved folding plates. Eine englische Ausgabe, aus der angeblich übersetzt wurde, konnte ich nicht finden. Vielleicht handelt es um die Übersetzung des experimentellen Teils, den Folkes veranlasst hat.

43 Johannes Bronisch, Der Mäzen der Aufklärung. Ernst Christoph von Manteuffel und das Netzwerk des Wolffianismus. Berlin 2010.

44 Denkströme, Journal der Sächsischen Akademie der Wissenschaften, Heft 19, 2018.

45 Gottlieb Friedrich Otto, Lexikon der seit dem funfzehenden Jahrhunderte verstorbenen und jetztlebenden Oberlausizischen Schriftsteller und Künstler …, Görlitz 1802, Band 2, S. 80.

46 Karl Adolf Menzel, Topographische Chronik von Breslau, Quartal 1–9, S. 589. Breslau 1806.

47 Johann Georg Meusel, Lexikon der vom Jahr 1750 bis 1800 verstorbenen Teutschen Schriftsteller, Band 7. Leipzig 1813.

48 Franz Lackner: Die Jesuitenprofessoren an der philosophischen Fakultät der Wiener Universität (1712–1773). Band 1. Wien: VWGÖ 1976 (Dissertationen der Universität Wien, 128/1), S. 152 f. / Unsere Heimat. Zeitschrift für Landeskunde von Niederösterreich 36 (1965), S. 54. Wien. Geschichte Wiki.

49 Universitätssammlungen in Deutschland, Sammlungen des Physikalischen Instituts. Online.

50 Martin Schneider, Georg Matthias Bose, Sächsische Biografie, hrsg. vom Institut für Sächsische Geschichte und Volkskunde e.V., bearb. von Martina Schattkowsky, Online-Ausgabe: http://www.isgv.de/saebi/ (8.8. 2018).

51 Friedrich Börner, Nachrichten von den vornehmsten Lebensumständen und Schriften jetztlebender berühmter Ärzte und Naturforscher in und um Deutschland mit Fleiß gesammlet und zum Druck befördert von Friedrich Börnern Medicinae Doctorando. Wolfenbüttel 1748. S. 787.

52 Objektdatenbank des Stadtgeschichtlichen Museums Leipzig.

53 Birthe Rüdiger, Hortus Bosianus – Der Barockgarten des Caspar Bose in Leipzig. Leipziger Blätter Nr. 35.

54 Andrea Sömmer zu Georg Bose, Ansgar Fiedler und Romy Kunert zur Familie Ryssel in: Sächsische Leichenpredigten in der frühen Neuzeit. Seminar SLUB Dresden 2003. PDF, S. 49 bzw. S. 55 / August Schumann, Vollständiges Staats- Post- und Zeitungslexikon von Sachsen…, Band 5, Zwickau 1818, S. 509.

55 D. Rössig, Kurze Geschichte der Leipziger ächten Gold- und Silber-Manufakturen, nebst einer technologischen Beschreibung von dergleichen Manufakturen überhaupt. Journal für Fabrik, Handlung und Mode. Leipzig 1796. Band X, S. 116 / Genealogisch-Historische Nachrichten von den Allerneuesten Begebenheiten, welche sich an den Europäischen Höfen zutragen, worinn zugleich vieler Standes=Personen und anderer Berühmter Leute vorkommen als eine Fortsetzung des Genealog. Histor. Archivarii Der XXVII. Theil. Leipzig 1741: S. 687 Aufzählung der in Apels Manufaktur hergestellten Stoffe.

56 Anja Fritz, Die Gold- und Silberwarenmanufaktur. In: Bachs Nachbarn. die Familie Bose. Kabinettausstellung im Bach-Museum Leipzig, Bach-Museum Leipzig 2005, S. 17–19.

57 Krünitz, Oeconomische Encyclopädie 19. Theil. Berlin 1780, S. 496.

58 Observationes et Experimenta de vi electrica Vitri aliorumque Corporum (Beobachtungen und Experimente über die elektrische Kraft des Glases und anderer Körper). (Miscellanea Berolinensia ad incrementum scientiarum IV. 1734. S. 334 und Fortsetzung V, 1737. S. 109.

59 Versuche und Abhandlungen der Naturforschenden Gesellschaft in Danzig. Leipzig 1747, S. 208.

60 Johann Georg Krünitz, Verzeichniß der vornehmsten Schriften von der Elektricität und den elektrischen Curen. Leipzig 1769.

61 Commentario II. de Electricitate pag. II. seq. Das sind die Tentamina Electrica von 1744. Versuche und Abhandlungen der Naturforschenden

Gesellschaft in Danzig. Drittel Theil. Electrische Bibliotheck. Zweytes Stück. Danzig und Leipzig 1756. S. 293.

62 Versuche und Abhandlungen der Naturforschenden Gesellschaft in Danzig Erster Theil. Gralath, Geschichte der Electricität. Danzig 1747, S. 279. Er zitiert hier die »Zuverlässige Nachrichten« LV. Theil p. 474 seq.«, das sind die »Zuverläßliche Nachrichten von dem gegenwärtigen Zustande, Veränderungen und Wachsthum der Wissenschaften. Leipzig 1744.

63 A. a.O., S. 217.

64 Johann Heinrich Zedlers Grosses vollständiges | UNIVERSAL | LEXICON | Aller Wissenschafften und Künste, | Welche bishero durch menschlichen Verstand und Witz | erfunden und verbessert worden ..., Band 57, 1748, Spalte 557–576.

65 Anja Pohl, Studentisches Leben an der Universität Leipzig im Zeitalter der Aufklärung. Dissertation Leipzig 2015. PDF.

66 Andreas Gordon, Versuch einer Erklärung der Electricität. 2. Auflage. Erfurt 1746, S. 112.

67 William Watson, A Sequel to the Experiments and Observations tending to illustrate the Nature and Properties of Electricity. Philosophical Transactions No. 484, S. 714, Punkt 28.

68 J. L. Heilbron, a. a. O., S. 317.

69 Nollet, Lettres sur L'Électricité. Paris 1753. Vorwort / Benjamin Franklin, Expériences et observations sur l'électricité faites à Philadelphie par M. Benjamin Franklin et communiquées dans plusieurs lettres à M. P. Collison, de la Société Royale de Londres. Paris 1752. Englisches Original 1751.

70 Johann Daniel Titius, De electrici experimenti Lugdunensis inventore primo sollemnibus magistrorum liberalium artium et doctorum philosophiae creandorum atque inaugurandorum indicandis praefatur. Wittenberg 1771.

Der Autor

Helmut Veil, geb. 1943, war Allgemeinarzt in Frankfurt am Main und beschäftigt sich seit Jahrzehnten mit der Geschichte der Naturwissenschaften. Er untersucht die kulturellen und ideellen Voraussetzungen epochaler Gärungsprozesse der Naturerkenntnis, in denen sich festgefügte Erklärungsmuster zersetzen und neue noch nicht etabliert haben.

Bisher erschienen

Von der Meteorologie der Sphären zum irdischen Vakuum. Wissenschaft und Religion im Barock. Ein intellektuelles Milieu – wiederbelebt aus Erasmus Franciscis Diskurs über die Luft · 2009 · ISBN 978-3-934157-99-6 · Hardcover · 384 Seiten · 51 Abbildungen · 42,– Euro · E-Book (PDF) 28,80 Euro

Geistesblitz und kühne Vermutung. Eine historische Studie zur Spekulation in den Naturwissenschaften – Ptolemäus, Cusanus, Fracastorius, Stahl, Yukawa 2010 · ISBN 978-3-941743-08-3 · Broschur · 120 Seiten, 18 Abbildungen · 19,80 Euro · E-Book (PDF) 13,80 Euro

Mitten im Umsturz Europas. Der Geologe und Revolutionär Faujas de Saint-Fond (1741 bis 1819) · 2012 · ISBN 978-3-941743-27-4 · Broschur · 244 Seiten · 25 Abbildungen · 24,80 Euro · E-Book (PDF) 16,80 Euro

Aeronautiker zwischen Ballon und Vogelflug. Szenen aus der Kulturgeschichte des Fliegens · 2014 · ISBN 978-3-941743-41-0 · Hardcover · 156 Seiten · 43 Abbildungen · 24,80 Euro · E-Book (PDF) 16,80 Euro

Praktiker neuzeitlicher Wissenschaften im Mittelalter. Navigatoren, Rechenmeister, Ärzte, Falkner, Künstler · 2015 · ISBN 978-3-941743-51-9 · Broschur · 132 Seiten, 37 Abbildungen · 24,80 Euro · E-Book (PDF) 16,80 Euro

Totenkopf und Schwefelblüte. Die Spur der Schwefelsäure in der Chemie des Handwerks 1500 bis 1800 · 2016 · ISBN 978-3-941743-63-2 · Broschur · 136 Seiten, 34 Abbildungen, davon 16 farbig · 24,80 Euro · E-Book (PDF) 16,80 Euro

Eis und Feuer. Geologie wird Wissenschaft inmitten der Kriege Napoleons · 2017 · ISBN 978-3-941743-73-1 · Broschur · 168 Seiten · 34 Abbildungen, davon acht farbig · 24,80 Euro · E-Book (PDF) 16,80